U0156782

预制构件生产与安装

方胜利　冯大阔　著

中国建筑工业出版社

图书在版编目（CIP）数据

预制构件生产与安装/方胜利，冯大阔著. —北京：
中国建筑工业出版社，2020.7
ISBN 978-7-112-25053-0

Ⅰ. ①预… Ⅱ. ①方… ②冯… Ⅲ. ①预制结
构-装配式构件 Ⅳ.①TU3

中国版本图书馆 CIP 数据核字（2020）第 072997 号

　　本书对我国目前预制构件生产和安装尤其是高精度的生产和安装技术做了系统总结，可以用于指导现阶段装配式混凝土结构的预制构件生产、安装，提高建筑产品的品质，满足人民对美好生活、高品质住宅的要求。

　　本书共分为 10 章，针对预制构件生产模具以及剪力墙、叠合板、预制楼梯、异形预制构件的生产和安装进行了系统总结并重点突出了各类构件的高精度生产和安装技术，在此基础上对预制构件生产机械手的应用、大型模台高精度生产控制技术、预制构件的生产和运输进行了集成应用，是一本可以指导预制构件厂和现场施工人员实际操作的专业书籍，也可作为高校学生对预制混凝土构件生产和安装的初步认识。

　　本书内容全面，逻辑清晰，具有较强的可操作性，本书的出版可以促进预制混凝土构件的高精度生产、安装，加快机械手、生产线的改进，起到行业引领作用，进而加快我国绿色建筑发展的进程。

责任编辑：张　磊　杨　杰
责任校对：党　蕾

预制构件生产与安装

方胜利　冯大阔　著

*

中国建筑工业出版社出版、发行（北京海淀三里河路 9 号）
各地新华书店、建筑书店经销
霸州市顺浩图文科技发展有限公司制版
北京建筑工业印刷厂印刷

*

开本：787×1092 毫米　1/16　印张：11¾　字数：290 千字
2020 年 11 月第一版　　2020 年 11 月第一次印刷
定价：**78.00** 元
ISBN 978-7-112-25053-0
（35838）

序

　　建筑装配化是实现绿色建造，推进智能建造的便捷有效途径，是推动建造方式创新、推进建筑业转型升级、实现建筑产业现代化的重要手段。通过建筑装配化的推进，可加快建设行业的标准化设计、工业化制造、装配化施工、一体化装饰装修进程，有利于提升工程质量，提高生产效率，实现资源节约和环境保护，是一种迫切需要加速推进的现代化建造方式。

　　建筑装配化一般涵盖建筑部件整体装配、设备管线模块化安装和结构构件装配等三个技术特征差异较大的工程领域。其中，推进钢筋混凝土结构装配化是实现建筑装配化的基本要求和重要支撑，是减少结构施工的现场工作量，实现现场湿作业施工方式向现代化工厂制造方式转变的高效方法。

　　提升钢筋混凝土预制构件的生产和安装质量，是保障钢筋混凝土工程结构质量的前提条件，是实现建筑装配化整体质量提升的关键环节。因此，钢筋混凝土结构工程的装配化建造首先应保证工厂预制构件的高质量生产制造；其次在混凝土预制构件转变为工程混凝土结构的现场作业过程中，必须实现高质量的施工装配。唯此，才能持续促使建筑装配化高水平推进。

　　中国建筑第七工程局有限公司承担的"十三五"国家重点研发计划中的"建筑构件高精度生产及高精度安装控制技术研究与示范（2016YFC0701705）"课题，正是针对以上需求开展研究的。2016年以来，课题组从预制构件生产模具、工艺技术、装备和管理入手，对剪力墙、叠合板、楼梯、异形构件等装配式混凝土建筑主要预制构件的高精度生产和高效率安装进行了深入研究，形成了较为系统的成套技术成果和相应的工艺生产和现场安装机具，并对相关技术进行了多项工程示范，取得了良好效果。

　　即将出版发行的《预制构件生产与安装》一书，就是中国建筑第七工程局有限公司技术研究成果的全面集成和凝练。该书撰写立足于钢筋混凝土预制构件生产和现场施工的高质量控制，较为系统的介绍了预制构件生产线、大型模台、模具、机械手、生产工艺、现场安装施工、工程质量控制等高效生产、运输和安装技术和装备，具有明显的新颖性和较强的实操性。

　　该书作者撰写思路清晰，涉及内容全面，是一本可以指导预制构件厂和现场施工实际操作的专业书籍，也可作为大专院校学生扩大装配化建造知识面和拓展视野的参考教材。希望本书的出版，能够为我国工程建设更好适应小康社会对建筑工程品质与安全的更高要求，促进钢筋混凝土预制构件生产和安装的技术进步，加快我国装配化建造的发展起到有效推动作用。

中国工程院院士
中建集团首席专家
同济大学教授
中建协专家委常务副主任

2020 年 5 月 28 日

前　　言

我国的装配式建筑起步晚，施工优势与自身成本之间的矛盾一直制约着我国装配式建筑工程的可持续健康发展。技术不够成熟以及管理模式匹配度不够也在很大程度上影响着整个行业成本的提高；再加上政策约束力不强，导致很多企业不愿意发展装配式建筑，由此我国装配式建筑行业的发展有一段缓慢时期。直到 2016 年 2 月，国务院发布《关于进一步加强城市规划建设管理工作的若干意见》，明确提出：要大力推广装配式建筑，建设国家级装配式建筑生产基地。加大政策支持力度，力争用 10 年左右时间，使装配式建筑占新建建筑的比例达到 30%。

正是在这样的大背景下，基于"十三五"国家重点研发计划课题"建筑构件高精度生产及高精度安装控制技术研究与示范（2016YFC0701705）"的资助，中国建筑第七工程局有限公司对装配式建筑预制构件生产和安装的关键技术开展了专题研究，并通过梳理中国建筑第七工程局有限公司十多年来的在装配式建筑方面的研究成果，总结了适用于现阶段我国装配式建筑预制构件的生产和施工的相关技术和经验，涵盖了预制构件生产和安装过程中的模具、预制混凝土剪力墙、叠合板、预制楼梯、异形构件的生产和安装要求，总结了预制混凝土构件的运输和堆放要求等多项内容，旨在为我国装配式建筑预制混凝土构件的生产和安装提供有益的参考和借鉴，帮助行业范围内的其他单位更好地了解装配式建筑预制构件的生产和安装工艺，并以此为切入，设计并制作了预制墙板保温连接件放置机械手、焊接机械手，并将其应用在预制构件生产线上，集成了智能化、集成化的大型模台高精度生产控制技术，以期实现预制构件生产和安装的高效管控，最终助力预制混凝土装配式建筑工业化与规模化的快速发展。

本书编写过程中，搜集了大量资料，参考了当前国家现行的设计、生产、施工验收等相关标准，并汲取了多方研究的精华，借鉴了有关专业书籍的部分数据和资料，吸收了"十三五"国家重点研发计划课题"建筑构件高精度生产及高精度安装控制技术研究与示范（2016YFC0701705）"的最新研究成果。不过由于时间仓促和能力所限，书中必然存在疏漏。特别是当前我国装配式建筑体系发展迅速，相应的规范标准、数据资料，以及相关技术都在不断推陈出新，加之各地政府的管理措施和不同体系下的施工手段也不尽相同。因此，若是在阅读过程中发现有不足之处恳请读者提出宝贵意见和建议。最后，向参与本书编纂的张中善、郜玉芬、郭海山、曾涛、石小虎等以及对本书内容有所支持和帮助的各位专家表示最诚挚的感谢！

4

目　　录

第1章　绪论 ·· 1

第2章　预制构件生产模具 ··· 3

2.1　模具的重要性 ··· 3

 2.1.1　影响构件质量 ··· 3

 2.1.2　摊销构件成本 ··· 3

 2.1.3　决定生产效率 ··· 4

 2.1.4　促进产品开发 ··· 4

2.2　模具的优化 ·· 5

2.3　模具的安装 ·· 6

2.4　本章小结 ··· 9

第3章　剪力墙生产与安装 ··· 10

3.1　外连部件精确布设 ·· 10

 3.1.1　外露钢筋 ·· 10

 3.1.2　安装措施用外连部件 ·· 11

 3.1.3　机电设备的外连部件 ·· 13

3.2　模具精确定位与安装 ··· 16

 3.2.1　工艺流程 ·· 17

 3.2.2　操作要点 ·· 17

 3.2.3　质量控制 ·· 20

 3.2.4　效益分析 ·· 24

3.3　高精度定位安装技术 ··· 24

 3.3.1　定位锥装置 ··· 25

 3.3.2　剪力墙安装流程 ··· 25

 3.3.3　主要材料与设备 ··· 29

 3.3.4　质量控制措施 ··· 31

 3.3.5　安全保证措施 ··· 31

3.4　本章小结 ·· 32

第4章　叠合楼板生产与安装 ··· 33

4.1　叠合楼板生产 ··· 33

    4.2　可调节式三角架支撑体系 ··· 39

        4.2.1　三角架装置 ·· 39

        4.2.2　独立钢支撑 ·· 40

        4.2.3　稳定三角架 ·· 40

    4.3　支撑体系施工工艺 ··· 40

        4.3.1　施工工艺流程 ·· 41

        4.3.2　施工质量管控 ·· 44

        4.3.3　安全管控 ·· 46

    4.4　本章小结 ··· 47

第5章　预制楼梯生产与安装 ··· 49

    5.1　分片式楼梯 ··· 49

        5.1.1　工艺原理 ·· 49

        5.1.2　材料与设备 ·· 55

        5.1.3　工艺流程及要点 ·· 56

        5.1.4　质量控制 ·· 64

        5.1.5　实施效果 ·· 66

    5.2　分段式楼梯 ··· 67

        5.2.1　工艺原理 ·· 67

        5.2.2　材料与设备 ·· 68

        5.2.3　工艺流程及要点 ·· 68

        5.2.4　质量控制 ·· 70

        5.2.5　实施效果 ·· 71

    5.3　本章小结 ··· 74

第6章　异形预制构件生产与安装 ··· 75

    6.1　常见异形构件种类 ··· 75

    6.2　异形预制构件尺寸控制措施 ··· 76

        6.2.1　模具设计 ·· 76

        6.2.2　构件深化设计 ·· 80

    6.3　典型异形构件生产控制技术 ··· 82

        6.3.1　阳台 ·· 82

        6.3.2　飘窗 ·· 86

        6.3.3　"L"形 PCF 板 ··· 104

    6.4　异形构件质量控制 ··· 106

        6.4.1　质量控制措施 ·· 106

        6.4.2　质量控制要点 ·· 107

    6.5　飘窗安装技术 ··· 108

    6.6　本章小结 ··· 109

第 7 章　预制构件生产机械手应用 ················ 110

7.1　机械手在装配式建筑行业的应用 ················ 110

7.2　生产线机械手的总体布局 ················ 112

7.3　模具划线机 ················ 112

7.3.1　模具划线机设计 ················ 112

7.3.2　划线精度影响因素 ················ 115

7.3.3　生产应用 ················ 116

7.4　保温连接件放置机械手 ················ 119

7.4.1　结构组成及原理 ················ 119

7.4.2　工作流程 ················ 123

7.4.3　生产应用 ················ 124

7.5　焊接机械手 ················ 124

7.5.1　机构设计 ················ 125

7.5.2　构型设计 ················ 126

7.5.3　控制方案设计 ················ 128

7.5.4　生产应用 ················ 130

7.6　本章小结 ················ 136

第 8 章　大型模台生产精度控制技术 ················ 137

8.1　大型模台的生产及精度控制 ················ 137

8.1.1　大型模台的选择 ················ 137

8.1.2　大型模台的设计 ················ 137

8.1.3　大型模台制作要求 ················ 138

8.2　大型模台的生产应用 ················ 140

8.2.1　固定模台生产线 ················ 140

8.2.2　流水生产线 ················ 141

8.2.3　长线台座生产线 ················ 143

8.2.4　生产线优缺点分析 ················ 144

8.3　大型模台流水线生产设备 ················ 145

8.3.1　清理机 ················ 146

8.3.2　隔离剂喷涂机 ················ 147

8.3.3　数控划线机 ················ 147

8.3.4　振捣搓平机 ················ 148

8.3.5　拉毛机 ················ 149

8.3.6　养护窑 ················ 150

8.3.7　码垛车 ················ 151

8.4　高精度钢筋生产线设备 ················ 152

8.4.1　钢筋弯曲机 ················ 152

8.4.2 钢筋桁架机 ································· 153

8.4.3 全自动钢筋焊接网机 ······················· 153

8.4.4 数控钢筋剪切弯曲加工机 ···················· 153

8.5 智能化生产技术与应用 ························ 157

8.5.1 生产管理流程 ···························· 157

8.5.2 生产管理标准化 ·························· 157

8.5.3 流水工艺优化 ···························· 159

8.5.4 生产管理信息化 ·························· 160

8.5.5 生产管理流程优化 ························ 163

8.6 本章小结 ································· 165

第9章 预制构件运输和存放 ····················· 167

9.1 预制构件厂内转运 ························· 167

9.2 预制构件存放 ···························· 168

9.2.1 场地要求 ······························ 168

9.2.2 堆放方式 ······························ 169

9.2.3 构件堆放示例 ·························· 169

9.3 预制构件厂外运输 ························· 172

9.3.1 合理运距 ······························ 172

9.3.2 预制构件合理运距分析 ···················· 172

9.3.3 厂外运输准备工作 ······················ 172

9.3.4 装车基本要求 ·························· 173

9.3.5 构件运输方式 ·························· 174

9.4 本章小结 ································· 176

第10章 总结和展望 ··························· 177

10.1 总结 ·································· 177

10.2 展望 ·································· 177

第1章

绪论

随着近几年的发展，我国已初步建成了具有中国特色的装配式建筑体系。与传统的现浇结构相比，装配式建筑具有质量好、现场作业量少、施工效率高等优点。但是装配式混凝土建筑施工环节多，从工厂制作、运输再到现场安装，经历模板工程→钢筋制作与安装、水电管线及其他预埋件制作与安装→混凝土浇捣→构件养护→构件储存→构件运输→现场安装等，过程漫长繁复。在施工的每一个过程中，都会产生制作与安装偏差，这些偏差累计在一起，形成了装配式构件和结构整体的偏差。

预制构件生产是工程质量控制的核心阶段，装配式建筑的质量很大程度上取决于构件本身的质量。受力构件梁、柱在结构承重方面已不成问题，外观质量也随着清水混凝土的成熟得到改善，但是构件生产的整体合格率，建筑构件水、电、暖预留预埋，建筑的整体性能等还是需要引起重视并加以改善。

除自身质量的严格控制外，运输阶段的预制构件仓储和物流问题也不容小觑。预制构件一旦在仓储、运输环节发生变形或损坏将会导致修补的困难，不仅耽误工期还会造成经济损失，甚至可能引发一系列质量安全问题。如何存放构件并确保构件精度、安全保质地运到施工现场也成为一道至关重要的工序。

施工现场预制构件安装的核心工作主要包括三个部分：构件的安装、连接和预埋以及现浇部分的工作。传统的建筑工地变成"建筑总装工厂"，人类建造房屋的过程类似汽车组装，由简到繁再化繁为简，这正是人类建造技术螺旋式上升的过程。预制构件之间的连接也是工程质量控制的关键节点，是影响预制构件安装质量的重要过程。

随着装配式建筑建造技术的不断更新、技术水平的不断提升以及居住者对建筑使用功能的要求在不断提升，这就对装配式建筑构件生产时的尺寸和外观质量的精度提出了更高的要求，也对构件安装时的定位精确度提出了更严格的要求。这就使得传统的现浇结构施工技术不能满足装配式建筑的施工需求，如何有效地控制施工过程的精度成为装配式混凝土结构建筑工程质量控制的关键和保证。

鉴于上述原因，装配式建筑中的预制构件产品逐渐呈现出高精度、功能一体化、高性能化等趋势，其生产方式也向着标准化、模数化、通用化自动化方向发展，装配式混凝土建筑精度得到极大的提升，精度要求作为其一个显著特点得到凸显。为此，我们针对预制构件生产模具、预埋件布设、异形预制构件的洞口、周边坡脚等开展了反复的设计和深入的研究，并集成了预制构件生产的智能化生产线。同时，针对剪力墙、叠合楼板、楼梯、异形构件等主要预制构件的安装效率和精度进行了研究和实践，形成了相关的关键技术和装置。这将有力推进预制构件生产与安装的新技术应用，有效提升装配式混凝土建筑的品质。

第2章

预制构件生产模具

预制构件生产模具是以特定的结构形式通过一定的方式使可塑性的混凝土材料成型的一种生产工具，满足混凝土浇筑、振捣、脱模、翻转、起吊时强度、刚度和稳定性的要求。模具由底模、侧模、端模、支撑装置、紧固装置等组成，也可根据需要增加液压闭合、振捣功能、养护功能等装置。

预制构件生产模具以钢模为主。根据模具的组成形式，可分为独立式模具和大底模式模具（即底模共用，侧模与端模不共用）。其中独立式模具用钢量较大，适用于构件类型较单一且重复次数多的预制构件；而大底模式模具只需制作侧模与端模，底模可以重复使用。根据模具适用的构件类型，模具可分为：大底模（平台）、叠合板模具、阳台板模具、楼梯模具、内墙板模具和外墙板模具以及异型构件模具等。

2.1 模具的重要性

2.1.1 影响构件质量

混凝土是可塑性材料，成型要依靠模具来实现，预制构件的尺寸精度和外观质量取决于模具。无论是《装配式混凝土建筑技术标准》《装配式混凝土结构技术规程》还是各地地方标准，对预制构件的尺寸精度要求都非常高。所以，模具质量的好与坏将直接影响预制构件的尺寸精度；特别是随着模具周转次数的增大，这种影响体现得更为明显。对于预制构件生产企业而言，预制构件质量是企业的生命，而控制质量的核心便是模具。

2.1.2 摊销构件成本

预制构件生产成本包括：材料成本、人工成本、管理成本、设备损耗、模具摊销。材料成本不可减少，人工成本和管理成本在企业固定的管理模式下，费用是一定的，只能通过降低模具摊销和提高生产效率，才能降低成本。预制构件的成本组成中，模具的摊销费用约占 5%～10%。在建筑产业化推动的背景下，处于产业链前端的模具设计与制作企业，成为卖方市场；预制构件模具市场价格在 1.0～1.5 万/t，进一步提高了模具的摊销费用。预制构件的标准化程度不高，也造成了预制构件模具的技术水平和标准化程度较低，通用性差。预制构件生产企业的实际现状是不同的装配式建筑项目一次投入专用模具，大部分模具不能再用于其他项目，增加了企业的管理成本。实际上对于预制构件生产企业而言，模具的摊销费用是将模具采购费用减去模具作为废旧钢材的残余价值，一次性摊销在每个项目的预制构件生产成本中。由此可见，模具的费用对于整个预制构件的生产成本而言是非常重要的。

2.1.3 决定生产效率

生产效率对于企业而言是影响预制构件生产成本的关键因素，生产效率高，预制构件成本就低，反之亦然。影响生产效率的因素很多，在自动化流水线上进行预制构件的生产，模具设计与制作的合理性是其中很关键的一个因素。模具影响生产效率主要体现在组模和拆模两道工序，减少组模和拆模的时间，是提高生产效率的有效措施之一。以预制构件中生产工艺最为复杂的夹心保温外墙板采用大底模模式为例，对生产效率影响最大的工序是拆模、组模以及预埋件安装，其中就有两道工序涉及构件模具。而且目前国内的外墙板自动化生产线设计节拍一般为15～20min，如果不能在规定的节拍时间内完成拆模、组模工序，就会导致整条生产线处于停滞状态，严重影响生产效率。对于独立式模具，例如楼梯模具，常采用卧式和立式两种形式。对于卧式楼梯模具而言，混凝土达到一定强度才能完成预制构件的脱模，占用生产的大部分时间，生产效率受到影响；然而对于立式楼梯模具，虽能解决卧式楼梯模具的部分弊端，但模具用钢量大、重量重，需要借助吊车才能完成生产，生产效率也将受到影响。综上所述，预制构件模具体系设计的合理性，不仅决定模具本身的质量和成本，还将严重影响预制构件生产效率。

2.1.4 促进产品开发

预制构件模具最终是为构件生产企业服务，其技术体系一定程度上决定着构件的生产工艺。新产品的开发，必然带来新工艺的应用，进而也带来模具技术体系的革新。例如夹心保温外墙板，其生产工艺分为正打工艺和反打工艺，两种方式的不同决定模具技术体系的变化。正打工艺的模具技术体系是将模具分为装饰层和结构层两层模具进行组合，结构层模具侧模和端模一次性组合，与共用大底模（平台）固定；装饰层模具侧模和端模跟着生产节拍组模和拆模。实现成品钢筋网笼整体安装，预制构件在装饰层模具拆模后整体起吊，使得夹心保温外墙板生产效率得到很大的提高。再比如成组立模在预制构件生产中的应用，成组立模是指采用垂直成形方法一次生产多块构件，也可根据需要增加液压闭合和行走装置、偏心块或柔性板振动装置、蒸汽或水媒散热养护装置等。对于非承重预制隔墙产品开发方向和技术集成程度有一定的促进作用。

我国的建筑工业化部品构件模具起步较晚，大部分建筑模具企业是由普通的模具企业转行而来，技术水平较低。目前建筑工业化部品构件模具存在的问题主要有：

（1）建筑模具结构不合理、重量大。由于建筑工业化部品构件尺寸大，使得模具尺寸大而重，变形大，严重影响建筑工业化部品构件的质量与精度，预制构件模具结构有待优化。

（2）建筑工业化部品构件模具易锈蚀。由于水泥等具有腐蚀性，在预制构件浇筑后需要养护，模具易锈蚀，多次使用后无法保证预制构件的尺寸准度，降低了模具的循环利用次数，增加了模具成本，也造成了资源的大量浪费。

（3）建筑工业化部品构件模具标准化程度低，通用性差。由于建筑企业的技术标准不同，建筑工业化部品构件的标准化程度不高。

因此，模具的设计需要模块化。一套模具在成本适当的情况下尽可能地满足"一模多用"，模块化是降低模具成本的重要措施。另外，模具的设计需要依照项目和客户的实际要求进行轻量化，在不影响使用周期的情况下进行轻量化设计既可以降低成本又可以提高作业效率。

2.2　模具的优化

鉴于现有模具的缺点，可采用在铝模板表面涂布光固化涂层，以此来减轻模具重量的同时提高模具的周转次数。

涂层涂抹方法采用辊涂的涂布工艺，也可根据生产工艺要求，加入适量稀释剂。辊涂工艺分为手工辊涂和机械辊涂两大类，光固化涂料通常采用机械辊涂法（又称滚涂法），可分为同向和逆向两种方式。同向辊涂机涂漆辊的转动方向与被涂物的前进方向一致，被涂物面施加有辊的压力，涂料呈挤压状态涂布，涂布量少，涂层也薄。因而采用同向辊涂机涂装时往往两台机串联使用，涂层更为均匀。

（1）辊涂生产线

铝合金模具涂料的涂装生产线示意图如图 2-1 所示。工作机台上铺设用于传递金属模板的输送装置，输送装置上依次安装滚涂机、流平机和固化机。输送装置包括多个呈首尾相接连续设置的传输带，滚涂机、流平机和固化机分别对应一个传输带上安装。在滚涂机的上游，输送装置上依次安装表面打磨机和表面清理机，表面打磨机和表面清理机分别对应一个传输带上安装；在固化机的下游，输送装置上安装接料辊，接料辊对应一个传输带上安装。其中，固化机中设置有遮光罩。

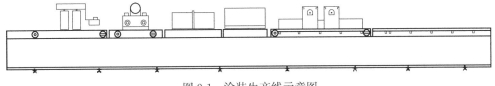

图 2-1　涂装生产线示意图

（2）生产线的工作原理

将铝合金模具输送至表面打磨机，对铝合金模具表面进行表面打磨；通过传输带将打磨后的铝合金模具输送至表面清理机，对铝合金模具表面由于打磨残留的磨屑进行清理；将清理后的铝合金模具输送至滚涂机，对清理后的铝合金模具涂上保护涂料；将涂上液态涂料的铝合金模具输送至流平机，一方面使得铝合金模具上的液态涂料更平整，另一方面使得液态图层与铝合金材料之间的结合更牢固；将带有平整液态涂料的金铝合金模具送至固化机，将铝合金模具上的液态涂料固化，最后固化后的金属模板从接料辊输出，形成铝合金模具产品。

光固化涂层铝合金模具密度小、强度高、导电导热性能好、耐蚀性高且易加工。因此，光固化涂层铝合金模具是装配式建筑预制混凝土构件的理想模具。其优势为：①重量轻，平均重量为 24～25kg/m²，为同等厚度钢材的 1/3，节省材料成本，拆模组模方便快捷，劳动强度低。符合模具轻量化发展的要求。②铝合金涂层表面平整光滑，尺寸精度高，产品构件表面平整光洁，能够达到饰面及清水装饰要求。③铝合金抗腐蚀性能优越，耐酸碱腐蚀及高温氧化腐蚀，适用于预制构件蒸养处理。尤其是在涂布光固化图层后，模具的耐腐蚀性能进一步提升，延长了模具的使用寿命，从而提高了模具的周转次数，降低了模具的摊销成本。④铝合金刚度较好，受力均匀，能够承受混凝土胀模力而不变形，周转次数可达 100～200 次。⑤铝合金模具的回收价值高，目前，市场上废旧铝合金模具的回收价格为铝合金原材的 80%～90%。

光固化涂层铝合金模具与钢模具性能指标对比如表 2-1 所示。

铝合金模具与钢模具性能指标对比 表 2-1

性能指标	材料厚度（mm）	模具重量（kg/m²）	承载力（kN/m²）	耐腐蚀性	耐磨性	混凝土表面质量	回收价值（原材料的%）
光固化涂层铝合金模具	6～10	25	60	好	好	平整光洁	80%～90%
钢模具	10	78	80	差	较好	平整光洁	40%～50%

2.3 模具的安装

模具安装主要包括四个作业分项，按照施工顺序依次为：清模→组模→涂刷隔离剂→涂刷水洗剂。

（1）清模

1）先用刮板将模具残留混凝土和其他杂物清理干净，然后用角磨机将模板表面打磨干净，如图 2-2 所示。

2）内、外页墙侧模基准面的上下边沿须清理干净。

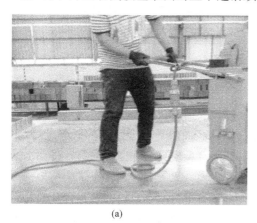 

(a)　　　　　　　　　　　　　　　(b)

图 2-2 清模工艺
(a) 模台清理；(b) 模板清理

3）所有模具工装全部清理干净，无残留混凝土。

4）所有模具的油漆区部分要清理干净，并经常涂油保养。

5）混凝土残灰要及时收集到垃圾筒内。

6）及时清扫作业区域，垃圾放入垃圾桶内。

7）模板清理完成后不立即使用的必须整齐、规范堆放到固定位置。

8）如遇特殊情况（如模具破损、模具腐蚀等）应及时说明情况，等待处理。

（2）组模

1）组模前检查清模是否到位，如发现模具清理不干净，不允许组模。

2）组模时仔细检查模具是否有损坏、缺件现象，损坏、缺件的模具应及时修理或者更换。

3）侧模、门模和窗模对号拼装，不允许漏放螺栓和各种零件。组模前仔细检查单面胶条，及时局部或整体替换修坏的胶条，单面胶条应平直，无间断，无褶皱。

4）各部位螺丝拧紧，模具拼接部位不得有间隙。

5）安装磁盒用橡胶锤，严禁使用铁锤或其他重物打击。

6）窗模内固定磁盒至少放 4 个，确保磁盒按钮按实，磁盒与底模完全接触，磁盒表面保持干净，如图 2-3 所示。

(a)

(b)

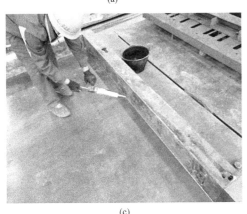
(c)

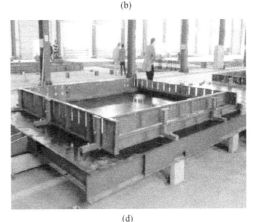
(d)

图 2-3 组模工艺

（a）支边模；（b）边模磁吸加固；（c）模板缝隙填补；（d）组模效果

7）模具组装完成后应立即检查，组模长、宽误差－2～1mm，对角线＜3mm，厚度＜2mm。

8）吊车转运比较重的模具时，作业人员挂钩以后，远离模具，防止在起吊过程中碰伤身体。

9）如遇特殊情况（如组装完成后尺寸偏差过大等）应及时说明情况，等待处理。

（3）涂刷隔离剂

1）涂刷隔离剂前保证底模干净，无浮灰。

2）隔离剂宜采用水性隔离剂，用干净抹布蘸取隔离剂，拧至不自然下滴为宜，均匀涂抹在底模以及窗模和门模上保证无漏涂，如图 2-4 所示。

图 2-4　涂刷隔离剂效果

3）抹布或海绵及时清洗，清洗后放到指定盛放位置，保证抹布及隔离剂干净无污染。

4）涂刷隔离剂后，底模表面不允许有明显痕迹。

（4）涂刷水洗剂

露骨料混凝土技术是一种能使"新、旧混凝土连接成为整体"的关键技术。只有混凝土露出粗骨料形成自然级配的粗糙面，新浇混凝土中的砂浆才能充分握裹住旧混凝土中的骨料，使两次浇筑的混凝土紧紧地连在一起，保证共同工作。混凝土粗糙面：采用物理或化学的方法对混凝土表面进行处理，使混凝土呈现出不同程度的粗糙面，用于施工缝处理、叠合结构、维修加固改造、构件表面装饰等。物理方法包括人工和机械作用，化学方法包括酸洗和露骨料水洗剂。

1）涂刷之前检查模具内表面，如表面太光滑则先用素水泥浆涂刷模具表面，待水泥浆干燥后方可涂刷水洗剂，如图 2-5 所示。

(a)　　　　　　　　　　　　　　　　　(b)

图 2-5　涂刷水洗剂

（a）露骨料部位的模或模板表面涂刷；（b）在混凝土表面喷洒水洗剂

2）涂刷时使用毛刷。

3）在指定的地方涂刷，严禁涂刷于钢筋上。

4）涂刷应均匀，严禁有流淌、堆积现象。

5）涂刷厚度不少于 2mm，且涂刷两次，间隔不少于 20min。

2.4　本章小结

本章分析了预制混凝土构件模具的重要性。模具质量的好坏不仅影响预制构件的质量，同时还影响预制构件的成本摊销和生产效率。分析总结了现有预制构件模具存在的问题，比如模具结构不合理、重量大；模具易锈蚀；模具标准化程度低，通用性差等。

依据长期工程实践，推荐对模具进行优化，如采用在铝模板表面涂布光固化涂层等方法，解决了现有技术中钢模板重量重、易生锈的问题。该种材料采用铝合金材料制作，并在铝合金材料与混凝土接触面采用光固化技术涂抹光固化金属防护涂层，大大降低了模具的重量，提高了模具的耐磨性能、生产效率和使用次数，提升了预制构件的制作质量。

最后，对各类构件模具的安装通用流程进行了总结，以便为构件生产的精度控制，做好基础准备工作。

第3章

剪力墙生产与安装

剪力墙是装配式混凝土建筑的关键部件，其承担了建筑物的水平荷载和竖向荷载。因此，剪力墙的生产和安装精度直接决定了建筑的整体品质，剪力墙间的连接决定了建筑的整体性和抗震性能。不同连接方式的剪力墙其生产与安装需要关注的重点不同，采用的生产与安装精度控制方式亦不同。如环筋扣合连接剪力墙，应重点关注外露钢筋、预埋件等精确布设及定位锥垂直度等精度控制。灌浆套筒连接剪力墙则应重点关注套筒、外伸钢筋、预埋件等精确布设及垂直度精度控制。

3.1 外连部件精确布设

生产效率和构件质量是剪力墙生产的关键因素，而影响剪力墙生产效率和构件质量的因素有很多，如模具、工装应用是否配套、生产工序是否合理等。除了这些因素以外，外连部件位置的准确性也直接影响剪力墙的制作质量、现场安装质量及生产效率。而外连部件的位置是否准确一方面与构件深化设计有关，另一方面则与工装的精确度有较大的关系。由于构件的一体化、各专业协同、卧式浇筑等特点，各种预埋件的位置精度、生产精度及安装精度要求严格，工装是保证其精度的技术措施，是构件生产的辅助方法。因此，外连部件工装的设计是构件预埋件精确布设与定位控制的基础。

预制混凝土剪力墙外连部件按其功能主要分为三种类型，一种是结构连接用外连部件，主要有构件侧边外露的直筋、"U"形筋和构件下端内置的注浆套筒等；另一种是安装措施用外连部件，主要有吊点、斜撑螺母和配合现场施工用的螺杆孔等；第三种是机电设备的外连部件，主要有线管线盒、线管现场安装用手孔、配电箱等。

3.1.1 外露钢筋

装配式环筋扣合混凝土剪力墙结构体系最大的特点是外露环形钢筋，因此如何确定外露钢筋的精度成为该结构体系广泛推广的一大重点。针对外露环形钢筋的预制构件，在模具设计时，依据构件深化图纸钢筋的外露位置，精确定位钢筋外露孔。当钢筋为直筋时，在模具上相应位置开成圆孔，圆孔的直径比外露钢筋公称直径大 2mm，方便钢筋的吊装就位及脱模，如图 3-1 所示。

采用钢筋剪切机和数控弯曲机等进行钢筋下料，严格按照料架中定位的位置进行钢筋绑扎，绑扎完成的预制构件钢筋笼通过料架临时固定支架形成整体式钢筋骨架，将钢筋骨架整体吊装入模，如图 3-2 所示。

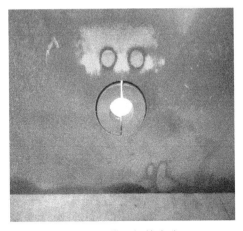

图 3-1　模具钢筋成孔

图 3-2　钢筋骨架绑扎工装

钢筋为"U"形筋时，在模具上相应位置开成上端开口的梳形孔槽，模具梳形孔槽底部留足混凝土保护层厚度，梳形孔宽度比外露钢筋公称直径大 2mm，方便钢筋的吊装就位及脱模，如图 3-3 所示。如果采用灌浆套筒剪力墙，则灌浆套筒为内置于预制混凝土构件底侧内部的钢筋连接部件，该部件的精确定位同样根据构件深化图纸中的位置在模具的相应位置开成圆形孔；同时，在钢筋骨架入模后，用胶塞从模具外侧穿过模具上的圆形孔塞入模具内侧的注浆套筒内，并塞紧锁死，如图 3-4、图 3-5 所示，以达到高精度定位注浆套筒位置的目的，防止混凝土振捣时灌浆套筒位置偏移。

图 3-3　模具梳形孔

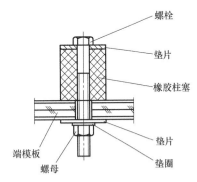

螺栓
垫片
橡胶柱塞
垫片
垫圈
端模板
螺母

图 3-4　端模灌浆套筒成孔

3.1.2　安装措施用外连部件

（1）吊点

预制构件常用的吊点形式分为两种：一种为吊钉形式，与吊件鸭嘴扣配合使用，如图 3-6 所示；另一种为内螺母形式，与带螺杆的万向吊环配合使用，如图 3-7 所示。还有一

图 3-5　灌浆套筒预埋图

种为钢筋吊环，起到吊装构件的作用。钢筋吊环采用圆钢制作，环形端从模板端板开槽部位伸出定位，并绑扎在钢筋笼上固定。针对前两种常用的吊点形式，分别研究了其精确定位技术。

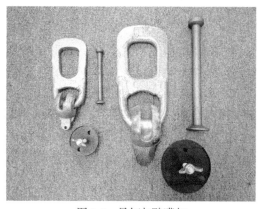

图 3-6　吊钉与鸭嘴扣

图 3-7　吊装螺母

　　吊钉采用半球形橡胶固定器进行精确定位，在吊钉设计位置的模具上开一个直径为6mm 的螺栓孔，待钢筋骨架入模后，通过半球形橡胶固定器将吊钉固定于设计位置，然后将半球形橡胶固定器平面部位的螺栓穿过模具上预留螺栓孔，最后通过螺母将半球形橡胶固定器精确固定于模具上，如图 3-8 所示。

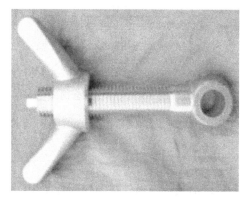

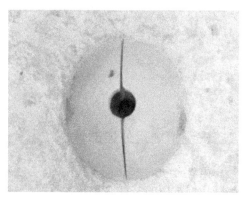

图 3-8　吊钉固定装置

内螺母采用一端带圆盘的螺杆进行精确定位，在内螺母设计位置的模具上开一个直径与内螺母相配套的螺栓孔，待钢筋骨架入模后，先将带圆盘的螺杆从模具外侧穿过预留的螺杆孔，然后将内螺母旋入螺杆上，即达到了内螺母精确固定于模具上的目的。

（2）斜撑用螺母

由于墙体构件的预制采用水平（平躺）方式制作，因此，斜撑用螺母分为墙体上表面部位和墙体下表面部位（贴模台一侧）。墙体下表面部位的螺母采用一端带磁性圆盘的螺杆进行精确定位，先将螺母旋在带磁性圆盘的螺杆上，然后将带磁性圆盘的螺杆通过磁性圆盘固定于螺母设计位置，如图3-9所示。

针对上表面部位预埋件类型，研制了一种可移动横梁进行预埋件固定。其工作原理是：墙体上表面部位的螺母采用固定于构件两侧模具上的可移动横梁装置进行固定，如图3-10所示。该横梁装置由标有刻度横杆、带有底脚钢板的竖杆和连接于横杆上且可移动的预埋件竖杆组成。使用时将横梁装置通过竖杆的底脚钢板固定于构件两侧模具上，将不同的预埋件装置固定于预埋件竖杆上，然后通过横杆上的

图3-9 斜支撑用螺母预埋件固定

刻度精确移动预埋件竖杆至设计位置。针对墙体上表面部位的斜撑用螺母，只需在预埋件竖杆上固定一个与螺母相配套的螺杆即可。

针对预制构件螺杆孔的预留和精确定位，设计了一种预留孔成型杆件，为方便脱模，该杆件形状大体为锥形，构件制作时，将杆件的粗端点焊或与磁吸固定于预留孔位置即可，如图3-11所示。

图3-10 可移动横梁装置

图3-11 预留孔洞

3.1.3 机电设备的外连部件

（1）线盒

墙体下表面部位预埋线盒采用将方形磁吸固定于线盒设计位置，然后将线盒倒扣于磁

吸上，以此定位线盒的位置，或者采用内置钢片电焊定位，如图 3-12 所示。墙上表面部位线盒预埋定位可采用移动横梁装置进行固定，将线盒磁吸倒吸于横梁装置上，然后将线盒卡在磁吸上，通过横梁上的移动装置将线盒精确地固定于设计位置上。

图 3-12　线盒预埋

为方便构件表面收光，针对上表面部位的线盒预埋进行了研究。制作了中空的水泥垫块，通过螺栓连接在底模焊接好的螺母上。为方便后续收光作业，所有固定丝杆不超出线盒。在线盒顶部用橡胶块封闭，防止混凝土浇筑时污染线盒内部。

对于需要反面预留的线盒，制作可塞入线盒内相互匹配的橡胶块，橡胶块设有两个螺栓孔和两个安装孔，通过螺栓将橡胶块固定在底模，线盒扣在橡胶块上固定。

除此之外，线盒也可通过定位台阶板固定，定位台阶板采用 4 孔塞焊方式连接底模，在定位板上开 4 个 30×13 避让缺口，在底板上开 4 个连接线盒的孔位，用于螺丝固定线盒，如图 3-13 所示。

图 3-13　定位台阶板

水泥垫块使用专用生产模具成批制作，通过 PVC 线管形成螺杆孔、锥形橡胶做出螺母凹槽，如图 3-14、图 3-15 所示。

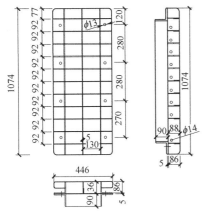

图 3-14　水泥垫块生产模具

图 3-15　水泥垫块安装

除此之外，对于同一位置上表面和下表面部位都有线盒预埋的情况，同样可采用中空的水泥垫块，通过螺栓连接在底模焊接好的螺母上进行固定。正反面均预留线盒的水泥垫块底部不用配置锥形橡胶块，如图 3-16～图 3-18 所示。

图 3-16　水泥垫块正反面线盒安装

图 3-17　下表面线盒安装

（2）线管现场安装用手孔

线管现场安装用手孔采用由钢板焊接加工成的一侧开口的盒子进行精确定位，该盒子一侧留有螺栓孔，通过螺栓固定于预制构件端部模具上，另一侧留有穿线管用的线管孔，线管孔的数量可根据构件设计图中线管的数量进行预留，如图 3-19、图 3-20 所示。

（3）配电箱

配电箱分为强电和弱电，尺寸较其他预埋件大，因此不易固定。配电箱都具有一定的强度，为防止箱体中漏浆，在空腔内塞填泡沫板。配电箱根据图纸位置弹线定位，把结构打架钢筋按尺寸截断，并附加加强钢筋。将管线连接在箱内，在配电箱四周绑扎好固定用钢筋，定位放置，然后将连接钢筋焊接固定为钢筋笼上，如图 3-21 所示。

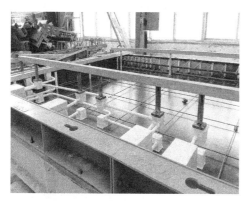

图 3-18　安装面线盒预埋

图 3-19　手孔工装

图 3-20　管线预埋

图 3-21　配电箱预埋

3.2　模具精确定位与安装

装配式环筋扣合剪力墙结构是将上层剪力墙的竖向钢筋伸出墙底，形成 U 形；下层剪力墙的竖向钢筋伸出墙顶，形成 U 形，在连接处将二者扣合，插入钢筋并浇筑混凝土形成整体的一种装配式剪力墙结构体系。该结构体系解决了人们对常见装配式结构体系连接节点不可见带来的对结构质量的疑虑，但是该结构体系的剪力墙需四边出筋，这与传统的不出筋剪力墙的生产有本质的不同。剪力墙四周出筋的精度和预制构件内预埋件的安装布设精度成为影响了构件成品的质量。

基于上述原因，通过反复的研发设计和生产试验，研制了一种分层组合模具和预埋件定位工装，如图 3-22 所示。边模分成两层，在模具组装时，第一步安装侧模的下层边模，由一人或两人合作抬起下层边模具进行拼装，拼装好后通过磁吸固定装置与大底模台连接固定；第二步安装钢筋笼，两人抬起制作好的成品钢筋笼放入模具；第三步安装上层边模具，一人或两人合作抬起上层边模，将模具上相应开孔位置对应钢筋笼环筋出筋放置，上下层模具通过螺栓连接固定。

另外，剪力墙上需要加设各种预埋件，为了实现对预埋件的精准定位，需要在模具上加设工装。在侧边模的上方设置边模竖杆，竖杆在边模上的长孔里可以自由滑动，并通过

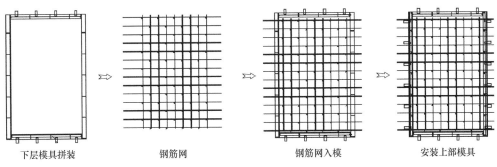

下层模具拼装   钢筋网   钢筋网入模   安装上部模具

图 3-22　分层模具示意图

螺栓固定；边模竖杆支撑横梁，横梁上的预埋件竖杆可以滑动，预埋件竖杆根据横梁上的刻度精准定位，预埋件竖杆通过定位销固定在横梁上，如图 3-23 所示。

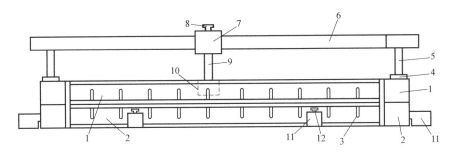

图 3-23　可调节工装使用示意图

1—为上层模具；2—为下层模具；3—为 U 形槽；4—为可调节工装固定底板；5—为可调节工装支撑杆；
6—为可调节工装滑动横杆；7—为预埋件定位滑座；8—为调节螺栓；9—为预埋件连接杆；
10—为预埋件；11—为磁性压板；12—为调节螺丝

3.2.1　工艺流程

分层组合模具进行混凝土剪力墙构件生产的工艺流程如图 3-24 所示。

3.2.2　操作要点

（1）保温层模具拼装

按照划线位置，首先安装墙高方向侧模，后安装墙宽方向侧模。每侧模板采用两个磁盒固定，固定位置应设在模板的三等分处。确保边模安装位置准确，固定牢固，模板连接处拼接严密。

门窗洞口模板采用定型磁吸钢模板，根据门窗洞口尺寸、墙板厚度选用相应型号的模板。按照门窗洞口划线位置，固定门窗洞口模板。确保模板安装位置准确，固定牢固，模板连接处拼接严密。

（2）钢筋网片入模、浇筑混凝土

将预先制作完成的面层钢筋骨架吊运至模台上，按照划线位置就位，放置完毕后的钢筋骨架按划线位置和设计图复检钢筋位置、直径、间距等。

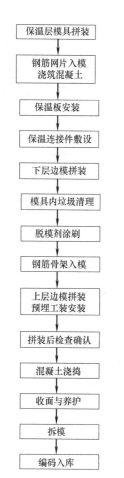

图 3-24 保温一体化外墙板
构件生产工艺流程

保温层模具拼装

钢筋网片入模
浇筑混凝土

保温板安装

保温连接件敷设

下层边模拼装

模具内垃圾清理

脱模剂涂刷

钢筋骨架入模

上层边模拼装
预埋工装安装

拼装后检查确认

混凝土浇捣

收面与养护

拆模

编码入库

（3）保温板安装

外墙面层混凝土浇筑完毕后应立刻将保温材料粘贴于面层混凝土上，并检查安放的是否规整、平齐。然后，将连接件缓慢、匀速按入面层混凝土内。保温板在安装前使用12mm 直径杆在连接件点位钻孔，并清理碎末。保证连接件的精确定位。

（4）保温连接件敷设

外墙面层、保温层和结构层通过纤维增强复合塑料连接，连接件的数量和位置由设计确定，待保温板安装完毕后，将连接件敷设在保温板相应的设计位置上。

（5）模具内垃圾清理

模具拼装完毕，涂刷隔离剂之前，清理模具内外侧，清除模具表面混凝土及杂物等。清理模具平台面，为防止模具在平台面上不平整，造成构件漏浆，故平台面清理范围为模具外侧约 50mm。

（6）隔离剂涂抹

在钢筋骨架入模前，需在模具表面及平台面均匀涂抹隔离剂，如图 3-25 所示。

（7）钢筋骨架入模

安装完成下层边模后，将绑扎好的成品钢筋笼放入模具，钢筋骨架上的外露钢筋插入下层边模的预留槽内。分层组合模具下层边模的高度低于剪力墙中环形钢筋骨架的高度，保证环筋能够卡在上下两层边模的预留槽内，避免环筋只落入下层边模内。能够实现对剪力墙环筋的精确定位，保证剪力墙浇筑后的强度。在生产线上绑扎钢筋能够实现标准化，减少穿设钢筋的步骤，提高了剪力墙的生产效率，减少现场人工绑扎误差，避免外露环形钢筋受损，提高剪力墙的生产质量，如图 3-27、图 3-28 所示。

具体注意事项如下：

首先配齐所需配套物品，如吊具、垫块、包裹材料等，并现场到位。

钢筋骨架入模时，应轻放，防止变形。扎丝头应全部向内无外露。

用专用垫块确保保护层厚度，垫块数量、位置应符合要求。临时垫块（木头、铁块等）在浇筑混凝土时应及时取出，防止漏取。

加强筋的固定要两处以上部位绑扎固定。翻身、起吊、承重埋件及窗角、转角、缺口等部位一般应配置加强筋。

图 3-25 模具清理及隔离剂涂刷

图 3-26 钢筋骨架入模

图 3-27 合模

（8）上层边模拼装，预埋工装安装

钢筋骨架入模后，安装上层模具。一人或两人合作抬起上层边模，将模具上相应开孔位置对应钢筋笼环筋出筋放置，上层边模的预留槽卡住钢筋骨架上的外露钢筋，上下层模具通过螺栓连接固定。解决模具组装和拆模效率及周转率问题。

预埋件定位时应注意：预埋件应固定牢固，尺寸误差应在允许范围内。预埋件工装采用螺丝和定位销固定形式，且须高于混凝土收水面 75mm 以上。预埋安装需严格按照图纸标注尺寸进行预埋件的安放，安放时确保埋件紧固无松动。

具体的操作方法是：每根横梁配合两个边模竖杆，两个边模竖杆分别设在两个对立的侧边模上，两个边模竖杆的上端分别与横梁的两端焊接，边模竖杆的下端与连接板焊接，边模竖杆上的连接板和侧边模上均设有连接孔，侧边模通过螺栓插入连接孔与边模竖杆连接。预埋件竖杆的上端与套管焊接，套管套在横梁上，套管的上端设有与横梁配合的螺钉，预埋件竖杆的下端与连接板焊接，预埋件竖杆的连接板和预埋件上均设有连接孔，预埋件竖杆通过螺栓插入连接孔与预埋件连接。拼装完成的横梁和可调节工装如图 3-28、图 3-29 所示。

图 3-28 预埋件精确定位的横梁装置

图 3-29 可调节工装及预埋件安装

（9）模具拼装后的检查确认

模具拼装完成自检合格后，通知专职质检员复检。

检查内容应按照表 3-1 进行：

模具拼装检查项目 表 3-1

检查项目	判定标准
平台放置	放在指定地点，不应出现松动
定位销、螺栓	不应遗漏、松动
边长、对角线、垂直度	应在允许范围内
模具变形	不应出现弯曲、倾斜等
拼缝	拼缝处应平整，不应有明显空隙
模具清理	目测，表面及拼缝处不应有杂物
埋件	确认埋件种类及是否固定牢固，尺寸误差应在允许范围内
涂刷隔离剂	不应出现漏涂、过量涂抹

（10）混凝土浇捣

混凝土振捣时需留意隐蔽预埋件的位置。如用振动棒振捣，在其周边振捣即可，不要碰到预埋件，如图 3-30 所示。振捣完成后，检查预埋件是否发生位移、上浮等异常情况。浇筑时若发现混凝土有异常，及时采取措施。

（11）收面与养护

构件一次收光和二次收光时间间隔需把控好，以免错过最佳收光时间。收光时必须保证收光面平整度在要求范围内，收面如图 3-31 所示。收面完成后送入养护窑进行蒸汽养护。

图 3-30 混凝土振捣

图 3-31 收面

（12）拆模

先拆除支架，再拆除埋件、预留孔等定位螺栓。拆模一般先从侧模开始，再拆除其他模具。为避免损坏构件和模具，拆模前应先观察收水面是否高于模具面；如是，应先去除高出部分混凝土再行拆模；拆模需要使用外力时，需垫缓冲材料，且受力点应在模具筋板上。

3.2.3 质量控制

（1）模具及工装制作精度控制

模具及工装制作的精度控制标准如表 3-2 所示。

模具和工装验收标准　　　　　　　　　　　　　　表 3-2

验收依据	《装配式混凝土结构技术规程》JGJ 1—2014 《装配式混凝土建筑技术标准》GB/T 51231—2016	
序号	检验项目	检验标准
1	长	1mm，−2mm
2	宽	1mm，−2mm
3	厚	1mm，−2mm
4	对角线差	≤3mm
5	侧向弯曲	$L/1500$，且≤5mm
6	翘曲	$L/1500$
7	底模平面平整度	≤2mm
8	拼缝宽度	≤1mm
9	端模与侧模高低差	≤1mm
10	预埋吊钉	规格、数量正确，位置偏差±3mm
11	预埋吊环	规格、数量正确，中心线位置偏差±3mm；外露长度 0，−5mm
12	预埋螺母	规格符合要求，位置偏差±2mm
13	预埋线管、线盒	数量、规格正确，位置偏差±2mm
14	预留孔洞	数量、规格正确，位置偏差±2mm
15	预埋钢板、建筑幕墙用	中心线位置：3mm
		平面高差：±2mm
16	预留出筋	中心线位置：3mm
		外露长度：+10mm，0mm
17	灌浆套筒及连接钢筋 （限位筋）	灌浆套筒中心线位置：≤1mm
		连接钢筋（限位筋）中心线位置：≤1mm
		连接钢筋（限位筋）外露长度：+5mm，0

（2）模具及工装生产过程精度控制

模具及工装生产过程精度控制标准见表 3-3。

生产过程质量控制标准　　　　　　　　　　　　表 3-3

序号	项目分类	项目名称	标准要求	
1	组模	模具清理	干净无杂物，不得影响装模及钢筋安装	
		涂刷脱模油	不允许漏涂、局部积油	
		装模	长：±4mm	
			高：±4mm	
			厚：±2mm	
			边模上口平直，与底模不垂直度小于 3	
			对角线偏差不大于 5mm	
			拼模不允许明显高差，拼缝不大于 2mm	

续表

序号	项目分类	项目名称	标 准 要 求
1	组模	装模	侧模弯曲 $L/1500$ 不大于 3mm
		门窗预留洞	位置±5mm 洞口尺寸＋5～0,弯曲按侧模 对角线差 3mm
2	预埋预留	预埋吊钉	规格、数量正确,牢固,位置偏差±5mm
		预埋套筒	位置准确、安装牢固,规格符合要求
		预埋管	数量、规格正确,位置偏差±5mm
		预埋暗盒	位置±3mm 同一高度的暗盒高度差 5mm
		预留孔	数量、规格正确,位置偏差±5mm
3	钢筋安装	布筋	牌号、规格、位置符合图纸要求
		扎筋	捆扎牢固,间距偏差±10mm
		筋网摆放	位置正确,垫层符合图纸、规范要求
		预留筋	外露长度±10mm

（3）模具质量检验方法

模具要对于振捣时产生的振动能保持原有形状和尺寸、容易装拆、易加工、能抵抗由意外和养护产生的外力。需对模板的各角部挂垂线或使用直角尺测量垂直度。固定用螺丝使用 M12,间距保持在 500mm 以内,销钉使用 10mm。如固定中使用磁性压盒,间距也应保持在 500mm 以内。同时应保证斜、小口面等连接部位的精度。

1）检查内容：边长、板厚、预埋件位置、对角线、表面凹凸、弯曲等。测量按照表3-4进行：

模具检验操作标准 表 3-4

检查项目	测定部位	测定方法
边长	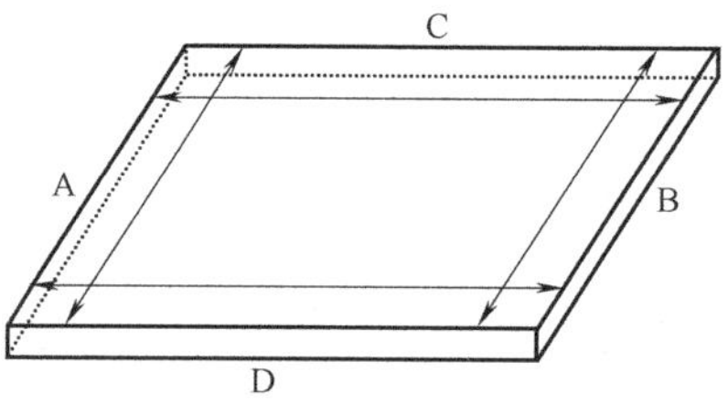	图示的 A、B、C、D 用长卷尺测定,原则上测定底部尺寸
板厚	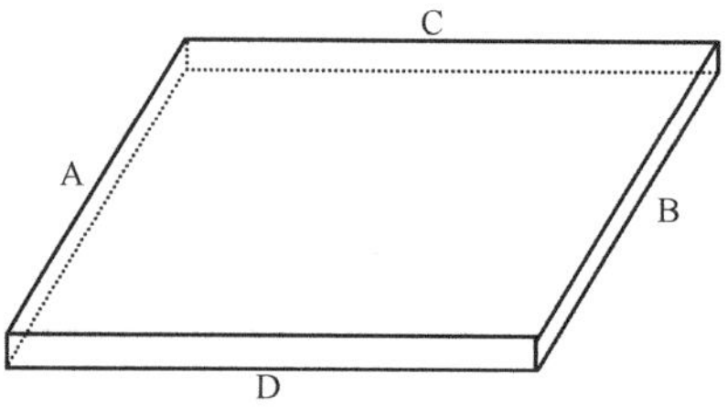	图示的 A、B、C、D 用长卷尺或角尺测定,按照实际测定值填写

续表

检查项目	测定部位	测定方法
预埋件位置	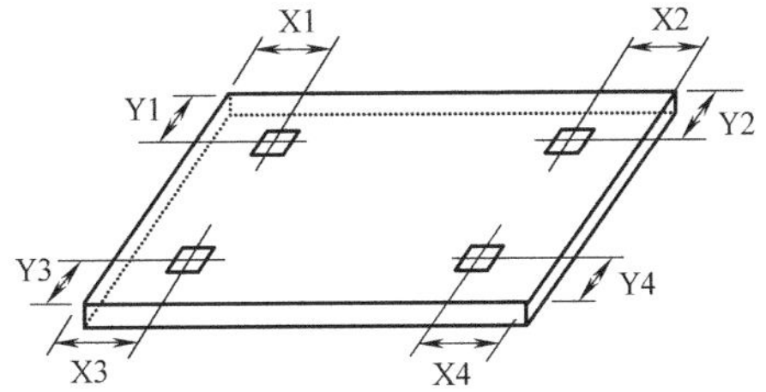	图示的 X1～X4,Y1～Y4 用长卷尺或角尺测定,并同时记录测定的数值
对角线长差	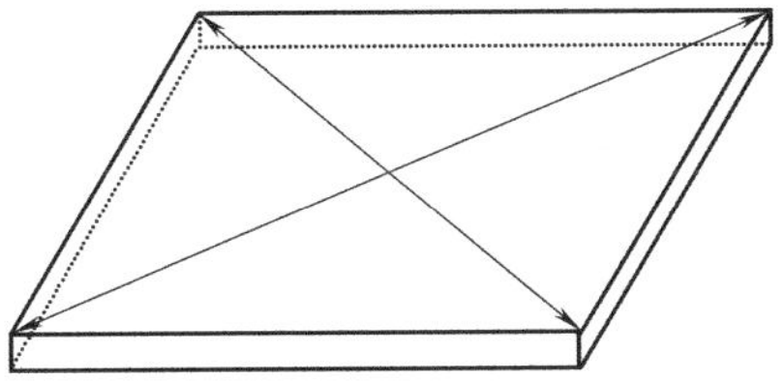	各测定对角线 A、B 的尺寸,并比较两者差距
扭曲	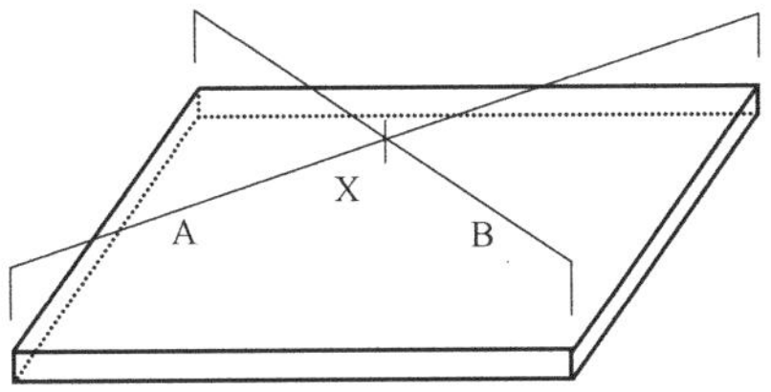	如图示把两根细线交叉固定在 A、B 位置,并使之保持一定高度
弯曲	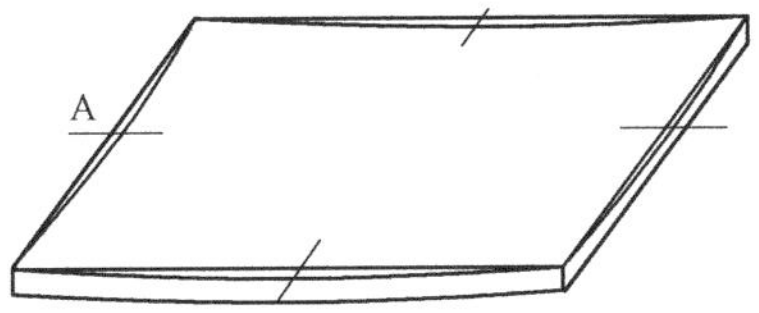	四角固定被支撑的细线,测定细线到板边的距离 A、B、C、D,并记录数值
翘曲	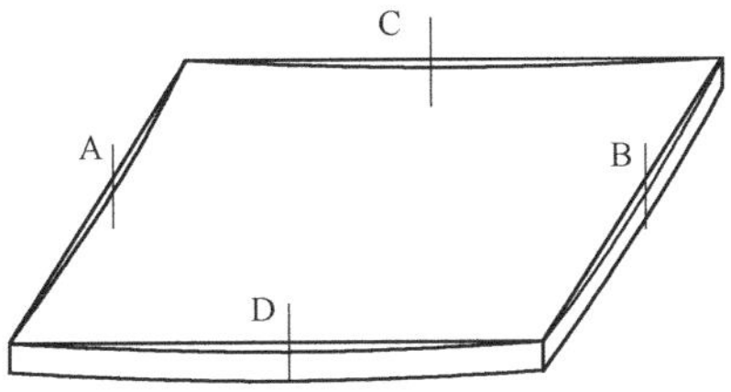	四角固定被支撑的细线,测定细线到板边的距离 A、B、C、D,并记录数值
直角度	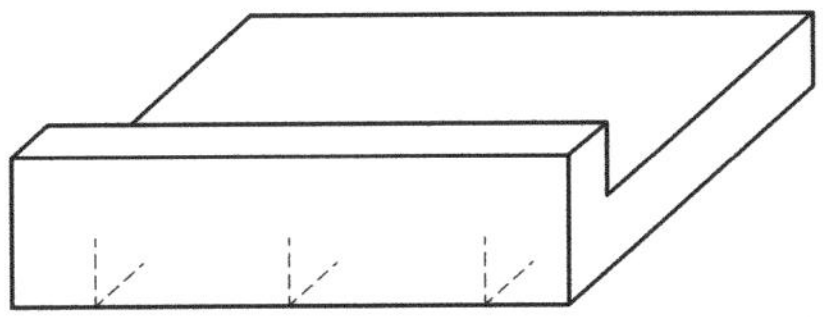	用直角尺沿板的长边取板两端及中间共 3 处,测定板与直角尺之间的缝隙

2）检查频率

① 拼装前对所有部件进行检查；

② 新模具拼装后进行检查；

③ 模具改造后检查；

④ 同一形状的产品，每 10 件检查一次；

⑤ 产品发现异常时的检查；

⑥ 对埋件位置进行检查。

3）模具及平台面尺寸允许偏差

尺寸允许偏差参见表3-5。

模具尺寸允许偏差   表 3-5

测定部位	允许偏差(单位:mm)	测定部位	允许偏差(单位:mm)
	外墙板		外墙板
边长	±2	边的弯曲	2
构件厚度	0～+1	对角线长差	3
面的扭曲	2	埋件的位置	±3
面的翘曲	2	直角度	$H \leqslant 300$ 1.0mm
面的凹凸	2		$H > 300$ 2.0mm

3.2.4 效益分析

通过可调节分层式墙板模具的应用,在构件生产中实现了钢筋的准确定位,组模拆模方便,避免外露环形钢筋受损,保证预制构件质量。同时方便了钢筋骨架的绑扎,减少现场人工绑扎的误差,通过成品钢筋笼入模工艺,提高环形钢筋外墙板的生产效率和质量。

（1）经济效益

从效率方面分析,分层模具因其单层模具质量轻,组合后刚度大,方便安装和拆模,与传统整体模具相比,人工可以搬动,无需使用行车吊装,只需 1～2 人便可迅速组模和拆模。在人工时间上面,分层模具可实现 15min 快速组模,传统模具由于需要机械转运,平均需要 30min 以上,效率提升一倍。

从周转率方面分析,由于分层模具实现了标准化模具设计,提高了模具的通用化水平,模具周转完全可以达到使用寿命 80 次。而传统模具是专模专用,每个项目单独开模,以一栋 20 层装配式建筑为例,模具只能周转 20 次。因此分层模具较传统模具,周转率提高了 4 倍,大大降低了装配式建筑的模具摊销费用。

从模具加工成本方面分析,分层模具采用螺栓连接和背撑挡杆支撑,在保证强度的同时,降低了模具重量,在重量上分层模具每延米重量约 25kg。传统模具每延米重量约 35kg,分层模具可节约成本约 28%。

（2）社会效益

分层模具结构简单,方便反复拆装,可循环使用,周转率高,功效高,适用性强;与传统模具相比,节约资源,降低了生产成本,废旧模具可回收利用,符合国家绿色环保的有关要求。

3.3 高精度定位安装技术

预制混凝土剪力墙的安装对结构的主体质量影响较大,针对预留环形钢筋的混凝土剪力墙,采用定位锥辅助安装,以实现预制环形钢筋混凝土剪力墙的高精度、快速安装。

3.3.1　定位锥装置

定位锥由预埋内丝套筒、锥头螺杆、固定螺母、标高控制及支撑钢垫片四部分组成。每面墙体由两个定位锥控制水平位置及标高，精度均在3mm以内。在墙体预制过程中依据设计位置预埋好定位锥底座内丝套筒，施工现场直接安装定位锥锥头螺杆、固定螺母和钢垫片，同时将钢垫片顶部标高调整至上层预制墙体底部设计标高，预制墙体吊装时直接将墙体坐落在定位锥上，安装操作简便，且可实现墙体轴线、标高快速初步定位。

定位锥示意及实体如图3-32所示。

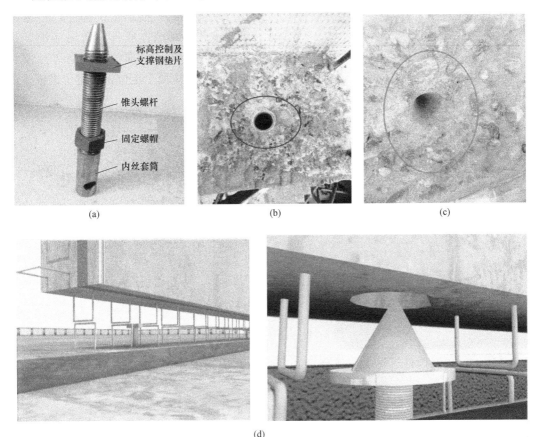

图 3-32　定位锥预埋定位

（a）定位锥组成；（b）墙体顶部预埋内丝套筒；（c）墙体底部预留倒锥槽；（d）上下层环形钢筋剪力墙连接

预制墙体初步定位后，在吊钩不脱钩的时候，操作人员实时调整定位锥的位置。墙体位置调整后，操作人员采用斜支撑对预制墙体进行固定，斜支撑底座与杆件连接处采用螺栓与斜支撑螺杆孔进行连接，确保斜支撑与底座连接紧密，避免斜支撑出现滑移晃动等现象，以保障预制墙体的垂直度。

3.3.2　剪力墙安装流程

剪力墙安装流程为：预埋件孔洞预留预埋——→预制构件进场验收——→定位锥安装——→

预制剪力墙吊装——→临时固定——→浇筑混凝土。

其操作要点如下：

图 3-33　定位锥底座内丝套筒预埋

首先进行预埋件孔洞的预留预埋工作。定位锥底座内丝套筒预埋：构件厂按照图纸要求在预制墙体顶部定位锥位置预埋定位锥底座内丝套筒，每面预制墙体预埋两个定位锥底座内丝套筒，如图 3-33 所示。

定位锥倒锥槽预留：构件厂根据图纸要求在预制墙体底部留置对应的定位锥倒锥槽，同一个部位预制墙体预留倒锥槽与定位锥埋设位置相对应，每面预制墙体两个倒锥槽对应两个定位锥，定位锥锥头对应倒锥槽保证预制墙体安装精度，如图 3-34 所示。

图 3-34　定位锥及预留锥点

其次进行预制构件进场验收工作。项目部需对进场构件进行验收，如图 3-35 所示。

图 3-35　构件进场验收

检查预制墙体尺寸型号是否正确、构件是否破损、构件质量合格证是否随车携带、合格证内同条件试块是否达到设计强度。如有不合格构件则通知构件厂对存在问题的构件进行调换；项目部验收合格后报监理部门对预制墙体进行复验，合格后方可对预制墙体进行吊装。

进行定位锥安装工作。定位锥由专业人员进行安装，墙体预制时底部设置倒锥槽，倒锥槽顶与轴线重合，底部与轴线对称布置，定位偏差要小于3mm；在墙体上部对应位置预埋内丝套筒，安装时在下层剪力墙上部内丝套筒内拧入定位锥锥头螺杆、固定螺母和钢垫片，定位锥锥头伸入上层墙底部倒锥槽内，并由锥头螺杆上拧入深度控制其上焊接的平垫板标高来控制和托住上层墙体，如图3-36、图3-37所示。

图3-36 定位锥及内丝套筒　　　　　　图3-37 定位锥安装

墙体安装前，需要对定位锥标高进行测设；当墙体安装定位线弹完后，开始垫块位置测量工作；然后是预制墙体的吊装工作。预制外墙吊装前在墙体内侧弹出1m控制线，墙体吊装完成后此控制线距楼层标高为1m。起吊时注意预制构件的成品保护；吊装时设置两名信号工人，起吊处一人，楼层施工处一人；吊装时由栋号长核对确认预制墙体的编号，确保预制墙体吊装无误，如图3-38所示。

图3-38 预制墙体试吊

质量检查无误后，进行试吊，起吊到距离地面0.5m左右时，起吊装置确定安全后，继续吊装。预制墙体吊装过程中，距楼板面1m处减缓下落速度，使预制墙体缓缓下落，当预制墙体落下后使用撬杠对预制墙体位置进行调整，使预制墙体预留倒锥槽精确坐落在定位锥锥头上，保证预制墙体平面位置及标高初步安装到位。构件起吊和就位如图3-39所示。

吊装工人按照墙体定位画线调整剪力墙的平面位置和角度（整个调整过程钢丝绳不可脱钩，须承担构件部分重量）。平面位置的调节主要是墙板在平面上进出和左右位置的调节，平面位置误差不得超过2mm。调节标高必须以墙板上的标高及水平控制线作为控制的重点，标高的允许误差为2mm，每吊装3层必须整体校核一次标高、轴线的偏差，确保偏差控制在允许范围内，如图3-40～图3-42所示。

图 3-39　构件起吊和就位

图 3-40　基层处理

图 3-41　预留倒锥槽坐落在定位锥锥头上

随后是安装预制墙体临时固定装置。通过横梁两端的螺栓孔与螺杆相连接，螺杆下端设置固定夹片，固定夹片和活动夹片相配合实现对墙体的固定。横梁上设有多个螺栓孔，可以根据墙体之间的距离调节两个螺杆的距离，固定夹片上设有若干个限位活动夹片的凹槽，根据墙体的厚度调节活动夹片相对于固定夹片一端的距离，如图 3-43 所示。采用固定夹片和活动夹片相配合对装配式建筑预制墙体进行临时固定，操作简便、固定效果好，可重复周转使用，显著提高了施工效率，解决了预制墙体安装临时支撑难题。

图 3-42　临时支撑加固

图 3-43　预制墙体临时固定

最后是浇筑接缝处混凝土。当墙板精调完成后，支设上下层剪力墙连接处、同层剪力墙连接处的模板,采用泵送混凝土从同层剪力墙的竖向连接处开始浇筑混凝土,并采用微型振捣器进行振捣,直至上下层剪力墙连接处的混凝土浇筑密实。

3.3.3 主要材料与设备

1. 所需主要材料和设备如表 3-6 所示。

主要材料设备 表 3-6

序号	名称	图片	作用及规格要求
1	预制墙体		预制墙体尺寸规格符合设计及规范要求,进场经过项目部及监理验收,外表面平整光滑符合要求
2	鸭嘴扣	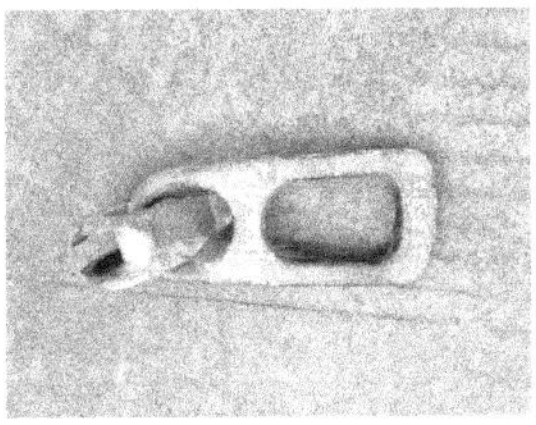	专用吊扣,与预制墙体匹配吊装工具,匹配度高,吊装安全
3	斜支撑	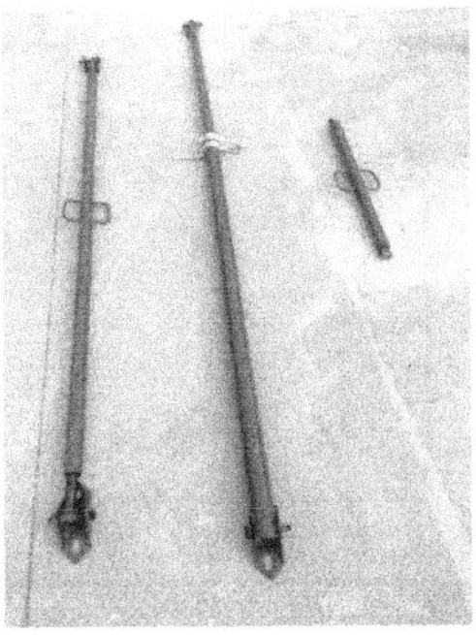	临时固定预制墙体,预制墙体固定后可利用斜支撑及激光扫平仪对预制墙体垂直度进行调节
4	定位锥	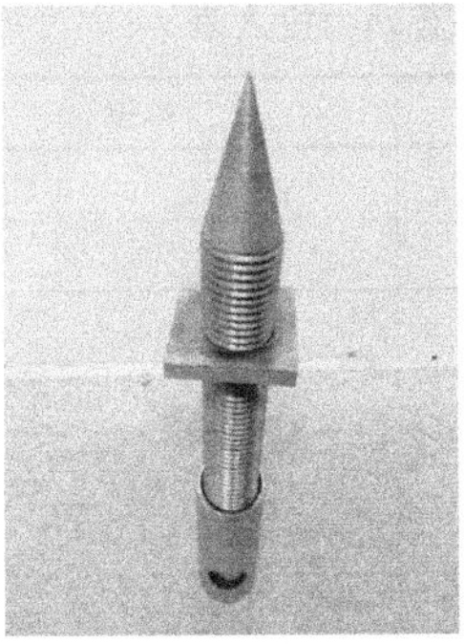	可对预制墙体调平,采用定位锥对预制墙体进行调节精度可控制在 2mm 内

序号	名称	图片	作用及规格要求
5	激光扫平仪		在预制墙体上投射一个点,使用斜支撑对预制墙体进行调节,控制预制墙体垂直度
6	撬杠		在预制墙体未达到预定安装位置时,对预制墙体进行调整,使预制墙体移动至预定安装位置
7	钢背楞		固定预制墙体
8	其他仪器设备:铅垂仪、墨斗、经纬仪、水平仪、钢卷尺、卷尺、角尺、平衡梁、活动扳手、电动扳手等		

2. 劳动力计划如表3-7所示。

吊装工人劳动力投入表 表3-7

序号	工种	单位	数量
1	电工	人	1
2	测量员	人	2
3	塔吊司机	人	1
4	信号工	人	2
5	安装工	人	5
6	司索工	人	2
合计		人	12

注:以上不包括项目部管理人员。

3.3.4　质量控制措施

构件吊装精度的控制是装配整体式结构质量的重点环节，也是核心内容。为实现预制墙体高效精度安装，避免预制墙体安装错位误差大和吊装时间过长，吊装前须对所有吊装控制线进行认真复检，吊装时各个工种要紧密配合保证预制墙体安装精度和效率，吊装过程中面对突发情况要及时处理保证安装高效。

1. 吊装过程标高、垂直度保证措施

在吊装中，预制墙体的标高和垂直度是预制墙体高精度安装的重点，准确控制标高和垂直度可以提高预制墙体安装精度，缩短施工工期。

（1）在后浇段甩出钢筋上面抄出标高控制线。

（2）根据标高控制线调节定位锥。根据现场实际情况，依据标高对定位锥进行调节，使预制墙体标高能达到要求。

（3）墙板依据所弹墨线放置好后、依据标高控制线测量到墙顶尺寸。校核预制墙体的标高，校核无误后，方可松开吊钩。

（4）预制墙体吊装就位、标高控制准确后，开始加设斜支撑。在加设斜支撑时，利用斜撑杆调节好墙体的垂直度。在调节斜撑杆时须两名工人同时间、同方向进行操作，分别调节两根斜支撑，与此同时要有一名工人拿靠尺反复测量垂直度，直到满足要求为止（依据规范要求垂直度误差需满足≤5mm）。

2. 已安装板墙防碰撞、防倾覆措施

（1）由于地面混凝土未达到设计强度，插入式膨胀螺栓未能达到强度，在施工过程中要严格控制吊装方式，严禁碰撞已安装墙体。

（2）吊装过程中，塔吊要稳当落钩，塔吊信号工与塔机司机默契配合，准确指导墙板落到指定位置。当墙板落到1m左右时，吊装工人要扶稳，使墙体稳当落到安装位置。已安装外墙斜撑跨度大的，需在墙体顶部加设至少一道防护绳。一端拴在墙体上部甩出钢筋处，一端固定在已浇筑混凝土顶部的预埋件上，使防护绳斜拉，防止外墙的外倾覆。

（3）由于斜支撑已经安装完成，要注意避免碰到斜支撑。减少因意外碰到斜支撑使工人受伤，并保证已安装墙体的稳定性。吊装过程中，严禁站到已安装预制内墙的安装斜支撑的另一侧。

（4）在墙体顶部之间加设防止倾覆的专用拉结措施和墙体与水平构件的缆风绳。当构件吊至操作层时，应在楼内用专用钩子将构件上系扣的牵引绳勾至楼层内，然后将外墙板拉到就位位置。

3.3.5　安全保证措施

1. 人员及环境因素安全措施

（1）进入施工现场要佩戴安全帽，符合施工现场规定。

（2）吊装前对塔机保险、限位、钢丝绳等进行系统的检查，确保在良好状态下进行作业，对使用的吊梁、吊具、吊钩进行检查。

（3）对现场用电进行排查，吊装用电开关箱、电缆、保持良好，无隐患。

（4）现场设置吊装区域，吊装区域设置警戒线，由警戒人员看管，非作业人员严禁入内。

（5）安全员、塔机信号工、吊索工、警戒人员配备红袖箍，提前进行沟通磨合。

（6）每天吊装完成后，由专职人员对塔吊及吊具、临时用电等进行检查，确保安全。

（7）施工现场天气环境恶劣不得进行吊装。

（8）严格执行塔吊十不吊原则。

2. 安全技术措施

（1）预制外墙构件进场采用吊钩吊运时，不得攀爬堆放架，需采用专用操作架进行作业。

（2）预制外墙起吊时，预制外墙窗洞处需设置保险绳，与吊梁连接，防止因吊钩脱落、断裂造成高空坠物。所有人员撤离至5m范围以外，构件吊装路线范围下方严禁人员穿越，由警戒人员看管。

（3）严格执行国家、行业和企业的安全生产法规和规章制度。认真落实各级各类人员的安全生产责任制。

（4）建立健全安全施工管理、安全奖罚、劳动保护、工作许可证制度，明确各级安全职责，检查督促各级、各部门切实落实安全施工责任制；组织全体职工的安全教育工作；定期组织召开安全施工会议、巡查施工现场，发现隐患，及时解决。

（5）严格做好安全技术交底及安全教育，特殊工种做到持证上岗。

（6）在高处使用撬杠时，人要立稳，如附近有脚手架或已安装好的构件，应一手扶住，一手操作。撬杠插进深度要适宜，如果撬动距离较大，则应逐步撬动。

3.4　本章小结

本章分别总结了预留环形钢筋的混凝土剪力墙的高精度生产和安装方法，并对采用分层组合模具生产的剪力墙和采用定位锥辅助安装混凝土剪力墙的效果进行了分析。结果表明，采用分层组合模具生产混凝土剪力墙可显著提高其生产精度；采用定位锥装置辅助混凝土剪力墙支撑定位可显著提高其安装精度。

CHAPTER 4

第4章

叠合楼板生产与安装

叠合楼板承载了作用在建筑上的竖向荷载，并将其传递给梁或墙，是装配式混凝土建筑的又一关键部件。叠合楼板的生产、安装精度和质量，以及其与梁、墙的连接性能和质量决定了装配式建筑的竖向承载能力，也间接决定了建筑的整体性能和品质。因此，研发了叠合楼板生产和安装过程中的精度控制技术，研制了可调试三角支撑体系及施工工艺，有效提升了楼板安装精度，同时避免了满堂支撑架，为施工提供了足够的操作空间。

4.1 叠合楼板生产

叠合楼板预制可按照图 4-1 所示工艺流程进行：

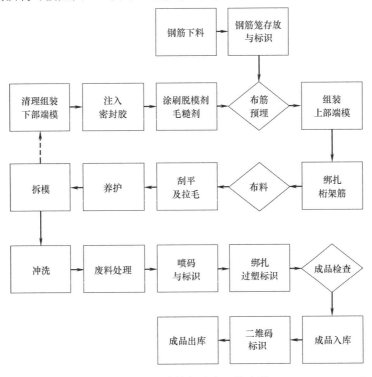

图 4-1 叠合楼板生产工艺流程

钢筋原材的品种、级别、规格和数量应符合设计要求；钢筋下料应有详细的下料单，避免浪费；钢筋加工时，下料误差应符合图纸要求并做好标识，如图4-2所示。

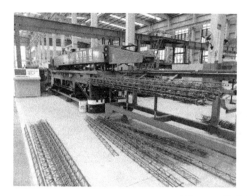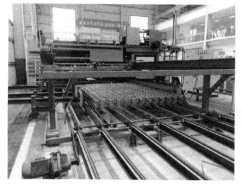

图4-2　叠合楼板钢筋下料

钢筋下料完成后一般按照型号存入成品区；每个钢筋半成品均设有标识，生产线可根据图纸及标识，按照生产计划领取；对物料清单完成情况进行统计，如图4-3所示。

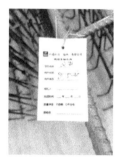

图4-3　物料统计

模具组装前，先用小锤轻轻敲击模具，使大块混凝土脱落。用刮板将模具残留混凝土及其他杂物清理干净；用角磨机打磨模具或模台粘附物；用扫把将模具内侧清扫干净，以手擦拭手上无浮灰为准。拼接部位不得有间隙，如图4-4所示。

图4-4　模具组装

在模具和模台相交处，以及模具上有孔洞会漏浆的部位，注入密封胶，并用手抹以加强密封性。

用喷壶向边模及底部模台喷洒适量隔离剂，并进行擦拭，严禁有流淌、堆积现象，如

图 4-5 所示。

图 4-5 涂刷隔离剂及毛糙剂

根据图纸调整钢筋笼位置，可对出筋修剪以保证出筋长度；严格按图施工保证预埋件位置，如图 4-6 所示。

图 4-6 布筋预埋

组模时检查模具是否有损坏缺件现象，发现后及时修理或者更换；缝隙需堵塞以防漏浆，单面胶条应平直无间断；各部位螺丝拧紧，模具拼接部位不得有间隙，如图 4-7 所示。

按照生产计划领取对应的桁架筋，根据图纸确保桁架筋的规格、型号、数量准确无误，严禁私自改动。用扎丝绑扎连接处，相邻两个绑扎点的方向相反。用直尺检验通过

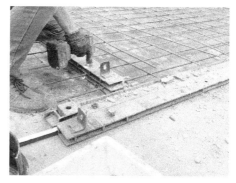

图 4-7 组装上部边模

后，进行隐蔽验收，如图 4-8 所示。

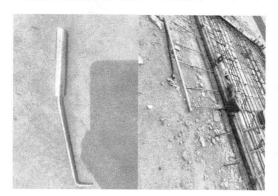

图 4-8 绑扎桁架筋

观察混凝土坍落度，过大或者过小均不允许使用。不允许出现漏振现象，不允许触碰任何埋件以免埋件松动脱落，混凝土表面无明显气派溢出，如图 4-9 所示。

图 4-9 布料

刮平，确保混凝土厚度不超过模具上沿；拉毛要规则，无明显接缝。出筋外侧收光面，如图 4-10 所示。

气温很低时（一般在 10℃以下）采用专用帐篷保温保湿，避免水泥水化热的散失。用蒸汽管养护提高温度，达到早强效果；气温一般时（10～20℃），采用彩条布保温保湿。混凝土试块与叠合模板同条件养护，如图 4-11 所示。采用蒸汽封闭养护时，需设置适宜温度。

图 4-10　刮平及拉毛

图 4-11　养护

混凝土强度达到设计强度 75％方可拆模。拆卸过程中保证模具平行向外移出；轻轻敲打边模，只拆除端模，拆除之后用行车起吊，如图 4-12 所示。

图 4-12　拆模

吊运至冲洗区，用高压水枪进行冲洗，将涂有界面剂的一侧冲洗成规定粗糙面，如图 4-13 所示；冲洗时严禁用高压水枪对准人或者仪器，以免造成事故和损失。

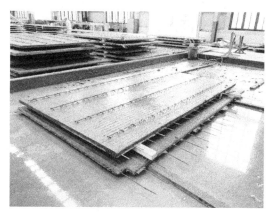

图 4-13　冲洗

图 4-14　喷码与标识

打磨之后，对构件进行喷码编号，粘贴白色美纹纸，进行质量检查，并绑扎标识，如图 4-14 所示。

根据图纸全数检查，不应有一般缺陷，尺寸偏差符合要求。满足图纸及规范要求，贴绿条以示合格，并在构件上标明品管符号或姓氏以备责任追溯；否则，贴红条并标明原因，生产人员对此进行修改，修改验收通过贴绿条，不通过再贴红条直至验收通过为止；严重者，执行公司报废流程，如图 4-15 所示。

图 4-15　成品检查

将预制的叠合楼板存放在指定区域，下方垫好方木、方木上方垫塑料垫片，吊装根据当天工作量填写成品入库单，并经管理人员签字确认，如图 4-16 所示。

构件放入堆场之后，根据各线生产记录表对所有构件生产情况进行统计，主要包括构件编号、尺寸、方量、设计强度、模具编号、浇筑时间、脱模时间等信息，并将各线生产

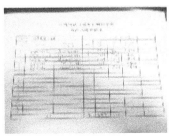

图 4-16 成品入库

记录表存档备查；并根据所有构件生产统计表制作二维码。

按照发货单挑选所需型号的构件，记录当天发货情况并上报管理人员核对。用钢丝绳把构件与车体连接牢固，钢丝绳与构件接触面应垫上护角材料（橡胶皮等），避免构件磨损。对出厂构件粘贴二维码，并附带构件合格证，隐蔽验收记录，同时加盖工厂公章，其他资料根据业主要求提供。

4.2 可调节式三角架支撑体系

现浇结构楼板一般采用满堂脚手架密布搭设，有效解决了现浇结构混凝土施工的质量问题，但由于其耗时耗材并不适用于装配式建筑预制叠合楼板的施工要求。为此，针对装配式环筋扣合混凝土剪力墙结构体系的施工特点，采用一种新型叠合板支撑体系——可调节式三角架叠合板支撑体系。

可调节式三角架叠合板支撑体系由高度可调节的三角架、独立钢支撑、稳定三角架和方木组成。

4.2.1 三角架装置

高度可调节的三角架如图 4-17、图 4-18 所示，包括由槽钢焊接成的三角架、焊接于三角架上的钢管和插入钢管中的可调节顶托组成。三角架立杆上开有挂孔，通过螺栓将三

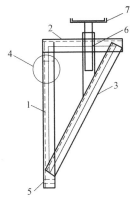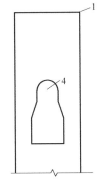

图 4-17 三角架加工图

1—立杆；2—水平杆；3—斜杆；4—挂孔；
5—螺栓孔；6—钢管；7—可调顶托

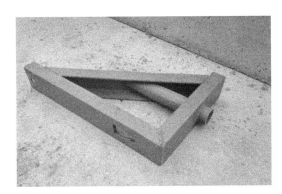

图 4-18 三角架

角架固定于预制剪力墙上,三角架立杆下端开有螺栓孔,通过螺栓将三角架下端固定于墙上,起到辅助固定三角架的作用。

4.2.2 独立钢支撑

主要由外套管、内插管、微调节装置、微调节螺母和顶托等组成,是一种可伸缩微调的独立钢支撑,如图 4-19 所示。一般独立钢支柱的可调高度范围是 2.0～3.1m;单根支撑可承受的荷载为 15kN,与稳定三角架配合使用。

4.2.3 稳定三角架

稳定三角架的腿部用薄壁钢管焊接做成,核心部分有 1 个锁具,靠偏心原理锁紧。折叠三角架打开后,抱住支撑杆,敲击卡棍抱紧支撑杆,使支撑杆独立、稳定。搬运时,收拢三角架的三条腿,手提搬运或码放箱中集中吊运均可。稳定三角架与独立钢支撑配合使用,如图 4-20 所示。

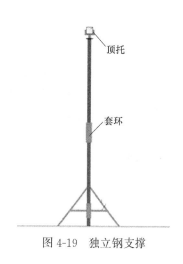

图 4-19 独立钢支撑

图 4-20 稳定三角架

4.3 支撑体系施工工艺

装配式混凝土剪力墙结构体系中当层的墙体构件竖向连接节点浇筑完成后才可吊装上一层叠合楼板。利用该特点在当层墙柱连接节点浇筑完毕后,将三角架用螺栓对拉或螺栓连接固定在墙体两侧或内侧做支撑。以一个开间为单位,利用房间两侧墙体自身的结构稳定性安装三角架来支撑叠合板,在房间中部架设一道独立支撑杆做辅助支撑即可形成一个完整稳定的叠合楼板支撑体系。

制作构件时在墙体上部预埋对拉螺栓孔(内墙)或内丝套筒(外墙),将螺栓杆穿插或栓接在预埋孔中,安装配套的垫片、螺帽(不旋紧),将带有梯形槽孔的三角架挂装在垫片和墙体的间隙中,旋紧螺帽即可。将龙骨方木放置在三角架体的 U 形顶托上,利用结构标高线将方木调平,即可进行叠合楼板的吊装施工。待叠合板吊装完毕后,须再次调平标高,以保障楼板的平整度。

4.3.1　施工工艺流程

装配式混凝土剪力墙结构可调节式三角架支撑体系施工工艺流程：

施工准备→工人技术交底→标高、定位放线→三角架安装→三角架调平→独立支撑杆安装→独立支撑杆调平→方木安放→三角架、独立支撑同时调平→叠合楼板吊装→叠合层混凝土浇筑→混凝土养护、达到拆模条件→三角架、独立支撑拆除、周转。

1. 工艺流程

预制叠合楼板的施工工艺流程为：预制叠合楼板安装前的准备工作→墙体弹出控制线并进行复核→三角架安装及调平→独立支撑杆安装及调平→叠合楼板起吊与就位→机电线盒、管线的安装→楼板上铁钢筋绑扎→钢筋的隐检、验收→预制叠合楼板叠合层混凝土浇筑。

2. 操作工艺

（1）预制叠合楼板安装准备

安装楼板前提前查看叠合楼板深化图纸，根据深化图纸检查叠合楼板的构件类型，确定吊装位置，对叠合楼板进行编号，确认吊装顺序，并掌握具体吊装细节，提前准备好吊装辅助工具。

（2）弹出控制线并复核

在混凝土拆模后，在剪力墙侧面弹出叠合楼板标高控制线，在剪力墙顶部弹出叠合板水平定位线，叠合楼板安装范围内剪力墙混凝土浇筑时，应当使墙体的混凝土超过叠合楼板标高 10～20mm 为宜，以叠合楼板位置及标高控制线为准，保证叠合楼板放置位置的合理及平顺。

（3）三角架安装及调平

1）将螺栓穿过墙体上部的预埋孔，旋入垫片和螺帽稍作加固，通过三角架槽钢上的梯形槽孔将三角架挂装在垫片和墙体的空隙中，再将螺帽旋紧即可，如图 4-21 所示。

图 4-21　三角架安装

2）在三角架安装完成后，将 U 形顶托粗调，单个开间三角架装置好后，将方木放置于 U 形顶托之上，根据墙体上的结构标高控制线调整标高，如图 4-22 所示。

图 4-22 方通调平

3）若叠合楼板跨度较大，可在房间中间设立一排独立撑杆作为支撑，如图 4-23 所示。

图 4-23 独立钢支撑安装

4）叠合楼板吊装如图 4-24 所示。

图 4-24 三角架支撑体系效果

（4）叠合楼板吊装及就位

在叠合楼板起吊过程中，须采用专用的吊装梁进行叠合楼板的吊装，吊装过程中应保证四个吊点均匀受力，吊点要确保放置在标记的位置，起吊时要缓慢，以确保叠合楼板的水平度。叠合楼板吊装示意如图4-25所示。

图4-25 叠合楼板起吊

叠合楼板应按照编号在相应位置就位，方便现场施工。叠合板就位时要先找好标高控制线，然后再缓缓下降吊装就位，如图4-26所示。

图4-26 叠合楼板吊装

吊装顺序为先小板后大板，确保运输过程中大板在下，小板在上，避免运输过程因受力点问题而开裂。

叠合楼板吊装过程中，按照标识的吊点将其吊离地面300～500mm时略作停顿，检查塔吊稳定性，确认无误后起吊。由叠合楼板的吊装位置来调整叠合楼板的方向。在吊装的过程中，应当尽量避免叠合楼板上面的预留钢筋与墙体上的竖向钢筋碰撞。叠合楼板吊装就位过程中，应当停稳、慢放，以避免由于冲击力过大造成叠合楼板的破损。

在叠合楼板位置校正时，可以采用楔形小木块嵌入到缝隙中进行轻微调整，严禁使用撬棍进行位置调整。安装叠合楼板时，应特别注意标高正确。叠合楼就位及位置校正如图 4-27、图 4-28 所示。

图 4-27　叠合板位置校正

图 4-28　叠合板吊装完成

应当根据深化设计图纸，对叠合楼板位置处的机电线盒及管线进行布置。

待机电线盒及管线等铺设完成并清理干净后，可以根据叠合楼板上方的钢筋间距控制线对板上铁钢筋进行绑扎，确保钢筋的搭接和间距符合设计的要求。以叠合楼板桁架钢筋作为上层钢筋的马凳，从而确保上层钢筋的保护层厚度符合要求，如图 4-29 所示。

图 4-29　叠合楼板钢筋绑扎

叠合楼板的安装施工完成之后，应首先对叠合楼板各个部位的施工质量进行全面而细致的检查，检查完毕且检查合格之后报送给监理单位，由监理工程师进行复查，甲方工程师进行抽查。

待钢筋隐检检验合格之后，叠合施工面清理干净后浇筑叠合楼板上层混凝土，进行叠合层混凝土浇筑时应注意以下几点。

对上层叠合楼板面进行认真清理，重点是梁窝部位，在混凝土浇筑前对梁窝部位进行湿润。施工缝交接部位是控制重点。

为了保证叠合楼板及支撑受力均匀，叠合楼板上层混凝土浇筑时，应当保证混凝土浇筑为连续施工，并且一次完成。浇筑时应从中间向两边浇筑，并且使用平板振动器振捣，保证混凝土振捣密实。混凝土浇筑完毕后立即进行养护，并根据施工方案要求的时间养护，不得提前拆除支撑体系。

4.3.2　施工质量管控

1. 主控项目

（1）严格对预制叠合楼板成型后的几何尺寸、平整度、起拱情况、外观质量（裂缝、破损、蜂窝、麻面、粗糙面等）、预留洞位置、观感质量等规范要求项进行检查。

（2）严禁出现预制叠合楼板下垫块露出的现象。

（3）砂、石、水泥、混凝土配合比、混凝土强度符合质量要求。

（4）钢筋间距、保护层厚度符合质量要求。

2．一般项目

（1）套管位置、注入、排出口堵塞情况。

（2）强弱电箱、线盒位置。

（3）预埋件位置、数量。

（4）构件标识。

3．主要质量检验标准

（1）验收规范如表 4-1 所示。

验收规范　　　　　　　　　　　　　　　　　　　　　表 4-1

序号	规范名称	编号
1	《混凝土结构工程施工质量验收规程》	GB 50204
2	《混凝土结构工程施工规范》	GB 50666
3	《装配式混凝土结构技术规程》	JGJ 1—2014

（2）质量标准及验收。

叠合楼板质量及验收标准主要从预制构件预埋件质量、外观质量、外形尺寸、混凝土构件安装尺寸等方面进行检验，允许偏差及检验方法如表 4-2～表 4-4 所示。

预制构件预埋件质量要求和允许偏差及验收方法　　　　　　　表 4-2

项次	项目		允许偏差（mm）	检验方法
1	预埋件	中心线位置	10	钢尺检查
2	预留孔	中心线位置	5	钢尺检查
3	预留洞	中心线位置	15	钢尺检查
4	预留钢筋	钢筋位置	5	钢尺检查
		钢筋数量	0	依据图纸
		钢筋外露长度	+10，−5	钢尺检查

预制构件外观质量及检验方法　　　　　　　　　　　　表 4-3

名称	现象	严重缺陷	一般缺陷
露筋	构件内钢筋为被混凝土包裹而外露	纵向受力钢筋有露筋	其他钢筋有少量露筋
蜂窝	混凝土表面缺少水泥浆而形成石子外露	构件主要受力部位有蜂窝	其他部位有少量蜂窝
孔洞	混凝土中孔穴深度和长度均超过保护层厚度	构件主要受力部位有孔洞	其他部位有少量孔洞
夹渣	混凝土中夹有杂物且深度超过保护层厚度	构件主要受力部位有夹渣	其他部位有少量夹渣
疏松	混凝土局部不密实	构件主要受力部位有疏松	其他部位有少量疏松
裂缝	缝隙从混凝土表面延伸至混凝土内部	构件主要受力部位有影响结构性能或使用功能的裂缝	其他部位有少量不影响结构性能或使用功能的裂缝
连接部位缺陷	构件连接处混凝土缺陷及连接钢筋、连接件松动	连接部位有影响结构传力性能的缺陷	连接部位有基本不影响结构传力性能的缺陷

续表

名称	现象	严重缺陷	一般缺陷
外形缺陷	缺棱掉角、棱角不直	清水混凝土构件内有影响使用功能或装饰效果的外形缺陷	其他混凝土构件内有不影响使用功能或装饰效果的外形缺陷
外表缺陷	构件表面麻面、掉皮、起砂、玷污等	具有重要装饰效果的清水混凝土构件有外表缺陷	其他混凝土构件有不影响使用功能的外表缺陷

注：1. 现浇结构及预制构件的外观质量不应有严重缺陷。构件加工厂家进场时上报构件严重缺陷的处理方案，并通过监理或建设单位进行审批。对于经过处理的部位，应当全部重新检查并验收。

2. 现浇结构及预制构件的外观质量不得存在一般缺陷。如果已经出现了一般缺陷，应当由相关的施工单位按照相应的技术手段对缺陷进行有效处理，并且全部重新进行检查及验收。

预制构件外形尺寸允许偏差及检验方法　　　表 4-4

项目		允许偏差(mm)	检验方法
长度	外墙、内墙板	±5	钢尺检查
	叠合梁	+10，−5	
	叠合楼板	+10，−5	
	楼梯板	±5	
宽度		±5	钢尺检查
厚度		±5	钢尺量一端及中部，取其中较大值
对角线差	叠合楼板、内墙、外墙板	10	钢尺量两个对角线
预埋件	中心线位置	10	钢尺检查
	钢筋位置	5	
	钢筋外露长度	+10，−5	
预留孔	中心线位置	5	钢尺检查
预留洞	中心线位置	15	钢尺检查
主筋、箍筋数量	所有预制构件	0	对照图纸检查
主筋保护层厚度	外墙板	±5	钢尺或保护层厚度测定仪测量检查
	叠合楼板、内墙、外墙板	±3	
表面平整度	内墙、外墙板	5	2M靠尺或塞尺检查
侧向弯曲	叠合楼板、叠合梁	$L/175$ 且≤20	拉线，钢尺量最大侧向弯曲处
	内墙、外墙板	$L/1000$ 且≤20	

注：当应用计数检验时，出了特别要求外，合格点率一般均应达到80%及以上，且无严重缺陷，可以评定为合格。

4.3.3 安全管控

叠合楼板施工在建筑施工过程中是一项新技术。与传统施工相比，安全管理上存在新特点：首先叠合板安装与传统模板体系相比增加了吊装过程，吊装过程本身就是一项十分危险的工作，另外在叠合楼板吊装就位时，需要微调，操作人员只能站在剪力墙上，稍有不慎，就有可能发生坠落，造成人员伤亡。因此，在吊装前应对每个操作人员进行专业培训，培训的主要内容包括吊环、钢梁的制作及使用、吊装时平衡的把握、吊装的定位以及吊装过程中的安全注意事项等。进行正式吊装的必要前提是操作人员熟悉并掌握整个吊装工序的流程，并且在第一次吊装时，需要进行试吊装。吊装过程中的安全注意事项主要包括：

（1）在正式进行安装作业之前，应当确保安装作业环境的安全性，确定作业环境的安全性之后，应在作业区域拉起警戒线进行围护，并安排专人进行看管，严禁无关人员随意进入。

（2）所有吊装作业开始前，必须进行试吊，认真观察是否存在安全隐患，确定安全无误后方可提升至作业面。

（3）预制构件安装必须保证作业层安全防护设施满足施工条件，防护高度应不小于1.2m，同时满足相关安全技术规范要求。

（4）每日班前对安装工人进行安全教育。塔司及信号工必须持证上岗。施工中指挥人员与塔司必须将信号进行统一，禁止违章指挥和操作。

（5）吊装指挥是吊装工作的核心，也是吊装事故发生的主要因素，所以应在施工前制定完善和高效的吊装指挥操作系统，提前将现场吊装岗位设置平面图绘制好，按照定机、定人、定岗、定责的四定原则进行操作，使整个吊装过程按照施工方案有序进行。

（6）吊装安装牢固前禁止随意脱钩，确保安全无误后方可缓慢卸除吊具。

（7）吊装安装过程中，首先做好安全防护措施。并保证操作空间的安全性。严禁在支撑架体不稳固、作业面空间不足情况下盲目施工，造成跌落风险。

（8）在对预制构件进行人工协助安装及下落过程中，应注意构件外漏钢筋的合理避让，构件应在指挥下缓慢移动，避免外漏钢筋对操作人员造成伤害。

（9）构件存放应直接插入堆放架上防止倾倒，堆放构件时对称存放。

（10）天气等外界作业环境状况不良，严禁进行吊装作业。如大风天气、降雨天气、大雾天气及夜间环境禁止作业。

（11）组织制定叠合楼板吊装过程的生产安全事故的应急预案。

（12）正式操作人员必须通过总承包单位进行的安全生产教育培训，受过专业的交底，使作业人员具备安全生产基础知识，熟悉相关安全制度及规范程序，掌握岗位所需的安全操作技能。

（13）用于叠合楼板安装所使用的机械设备（如塔吊），施工机具及配件（横梁、钢丝绳等），必须具有生产（制造）许可证、产品合格证。并在使用前进行检测，由总承包、监理验收合格后方可使用。

（14）必须设专人对叠合楼板安装过程中使用的施工机具及配件进行管理，定期进行机具的维修和保养，并建立相应的档案资料。

4.4 本章小结

本章主要对快速搭拆的叠合楼板支撑体系进行了研究，总结了支撑体系的施工工艺流程、质量和安全管控等。经过示范工程应用，该套支撑体系具备以下优点：

（1）搭拆简便，减少人工成本。

（2）制作成本低，周转使用，可代替脚手架支撑，降低成本。

（3）利用结构一米线，调节顶丝高度更加精确。

（4）利用墙体上部预埋孔安装架体，避免满堂支撑，便于后续工作插入。

（5）使用料具少，搭拆以及塔吊周转料具省时，对于依托塔吊施工的装配式结构间接起到缩短工期的作用。

第5章

CHAPTER 5

预制楼梯生产与安装

楼梯是住宅建筑中形式较为复杂的一种结构构件。当前，建筑工程中普遍采用钢筋混凝土现浇楼梯，模板支设复杂，且外观成型质量难以保证。此外，现浇楼梯需要较长时间进行养护，这在一定程度上影响了工期。

因楼梯施工过程在人工、材料、工期等方面资源占用较多，非常适合作为预制构件进行装配式施工。但需要注意的是，现阶段装配式施工技术尚处于推广时期，标准体系仍不健全，配套的重型塔吊尚未全面普及，在可预见的较长时期内，高层住宅建筑施工中普遍使用的仍是 TC5013B-6、TC6013A-6F 这一级别的塔吊设备，其对于中、大型预制构件的有效吊装半径较为有限。正常住宅楼梯构件净重在 5t 左右，在板式住宅或塔吊布设位置受限的塔式住宅工程施工中，装配式楼梯的应用常因楼梯间与塔吊距离超出塔吊有效吊装半径而受到制约，若为此升级塔吊的起重能力，施工成本将大幅提高，经济性不佳，这限制了装配式楼梯技术的推广应用。

在此背景下，对装配式楼梯预制形式、性能可靠性及其施工技术开展了系统研究，主要针对分片式预制楼梯及分段式预制楼梯开展分析，总结了分片式预制楼梯和分段式预制楼梯生产及施工工艺。相较传统现浇模式，其安装精度更高、安装速度更快、适用性更广。

5.1 分片式楼梯

分片式楼梯是将常规单跑梯段板沿板宽方向分成两片单独预制，两片梯段板在安装阶段拼合成一跑楼梯，并通过跨中设置的两根抗剪销（预留贯通孔洞内植入定型钢管骨架，灌实高强灌浆料形成刚性"抗剪销"）连为一体，利用刚性连接强化两片梯段板的协同受力的一种预制楼梯。

5.1.1 工艺原理

1. 分片式预制楼梯的连接体系

（1）梯段板之间的连接，如图 5-1 所示。

（2）梯段板与主体结构的连接。

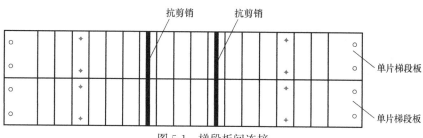

图 5-1　梯段板间连接

1）梯段板支座处采用销键连接

在梯段板两端的板厚方向预留销栓孔，支承梯梁相应地预埋固定螺栓，梯段板安装就位后，利用高强灌浆料填灌楼梯两端销栓孔。注意梯段板上端销栓孔应灌实（固定铰支座），下端销栓孔需留设空腔（滑动铰支座），梯段板周边缝隙用聚苯填充，顶部用密封胶封堵，如图 5-2 所示。

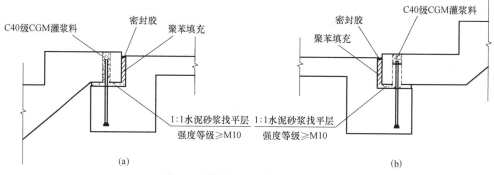

图 5-2　梯段板与主体结构间连接

（a）上端销栓孔处理；（b）下端销栓孔处理

2）加强点位置的确定

通过足尺模型试验、有限元数值模拟相结合的方法对抗剪销和制作销键孔的尺寸、设置位置等因素进行多工况试验分析，如图 5-3、图 5-4 所示。

图 5-3　足尺模型静力加载试验

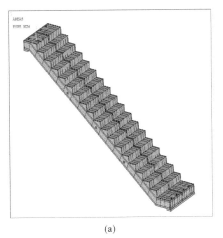

(a)

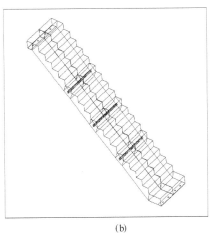

(b)

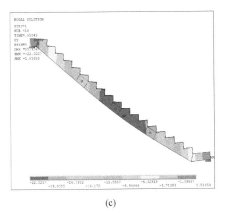

(c)

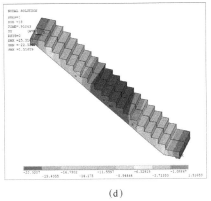

(d)

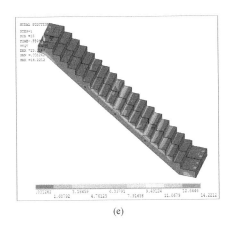

(e)

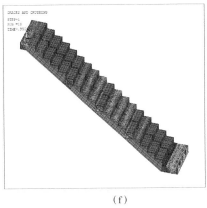

(f)

图 5-4　有限元数值仿真试验（一）

（a）模型图；（b）抗剪销布置；（c）挠度云图（一）；（d）挠度云图（二）；

（e）等效应力云图；（f）裂缝分布图

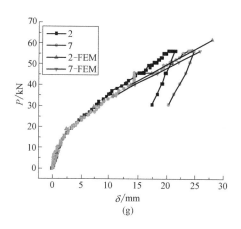

图 5-4 有限元数值仿真试验（二）

（g）荷载-挠度曲线

① "抗剪销" 位置

抗剪销的最佳设置位置：分别在距楼梯两端约楼梯跨径 $9l/25$ 处各设置一处，可在保证施工可行性的前提下达到最佳的协同受力效果，如图 5-5 所示。

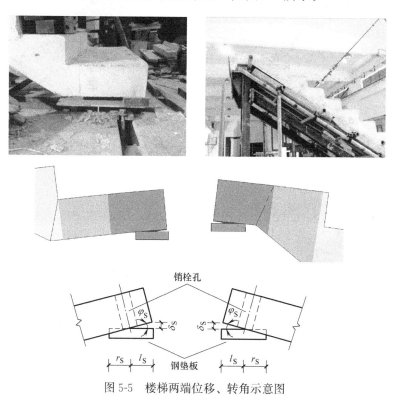

图 5-5 楼梯两端位移、转角示意图

② "销键" 位置

通过对楼梯端部销栓孔尺寸及布置位置分析可知，销栓孔直径越大，楼梯挠度越小。横梯梁宽度不变的情况下，孔边距越大，楼梯挠度越小。销栓孔直径及位置满足构造要求即可，可参考《预制钢筋混凝土板式楼梯》（国家建筑标准设计图集 15G367-1）。

2. 分片式梯段板预制

（1）根据深化设计图纸定制内、外侧梯段板的侧立模板体系，分别按设计进行钢筋绑扎、混凝土浇筑及养护等常规工序施工。

（2）在预制梯段板两端的板厚方向预留销栓孔，跨中位置设置抗剪销预留孔，在梯段板内部设计位置预埋吊钉、吊钉加强筋、销栓孔加强筋。

预制楼梯梯段生产工艺流程如图 5-6 所示。

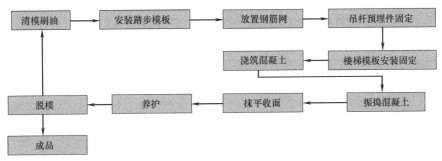

图 5-6　梯段生产工艺流程

3. 分片式梯段板吊装

对预制构件的吊点布设进行设计，采用等代梁模型计算，依据最小弯矩原理进行评判。

对质量均匀分布的等代梁，设构件总长为 l，吊点距构件端部距离为 xl，则等代梁吊装计算简图如图 5-7 所示。

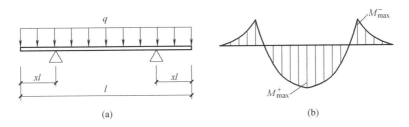

(a)　　　　　　　　　　　　　　(b)

图 5-7　等代梁吊装计算简图

（a）计算简图；（b）弯矩图

等代梁内的最大正弯矩和最大负弯矩分别为：

$$M_{\max}^{+} = \frac{ql}{2} \cdot \frac{l-2xl}{2} - \frac{ql^2}{8} \tag{5-1}$$

$$M_{\max}^{-} = -xlq \cdot \frac{xl}{2} = -\frac{q(xl)^2}{2} \tag{5-2}$$

随着间距 xl 逐渐增大，$M_{\max}^{+}$ 随之减小，而 $M_{\max}^{-}$ 随之增大。为使吊装过程中等代梁内的最大弯矩最小，应有式（5-1）的最大正弯矩与式（5-2）的最大负弯矩的绝对值相等，即：

$$M^+_{\max} = |M^-_{\max}| \tag{5-3}$$

$$\frac{ql}{2} \cdot \frac{l-2xl}{2} - \frac{ql^2}{8} = \frac{q(xl)^2}{2} \tag{5-4}$$

计算得出：

$$x = \frac{\sqrt{2}-1}{2} \approx 0.207$$

因此，预制构件在单一方向采用两点吊装时，为保证构件内的弯矩最小，应将吊点分别布设在距构件端部约 $0.207l$ 的位置，如图 5-8 所示。

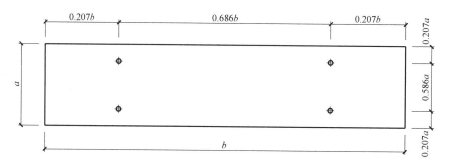

图 5-8 预制楼梯板吊点布设

4. 分片式梯段板安装

（1）预制梯段板运至施工现场后，利用塔吊和组合吊绳系统完成吊装及调整。

（2）组合吊绳系统主要由三部分构成：长钢丝绳 1 根、短钢丝绳 1 根、手拉葫芦 2 部，如图 5-9 所示。对折后的长钢丝绳作为独立悬挂绳，对折后的短钢丝绳两端分别与手拉葫芦连接作为复合悬挂绳，通过调整手拉葫芦的铰链长度来改变两悬挂绳的相对长度，进而实现预制构件吊装姿态的调整。

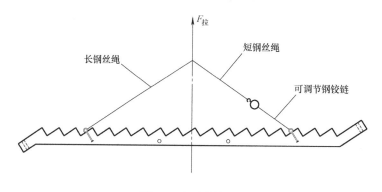

图 5-9 组合吊绳系统

（3）利用塔吊将梯段板平吊至楼梯间对应位置，再通过调整手拉葫芦的铰链将梯段板以设计角度搁置在支承梯梁上。两片梯段板拼合完成后，在抗剪销预留孔内植入定型钢管骨架，最后用高强度灌浆料将抗剪销预留孔和销栓孔灌实，养护至设计强度。

5.1.2 材料与设备

1. 劳动力组织如表 5-1 所示

主要施工人员配置表 表 5-1

序号	类别	数量(人)	工作内容
1	管理人员	1	全面组织、协调
2	技术人员	2	深化设计、方案编制、质量与安全管理
3	钢筋工	4	钢筋加工
4	木工	4	模板、预埋
5	塔吊司机	1	构件吊运
6	信号工	1	吊运指挥
7	杂工	4	混凝土浇筑、养护、构件安装

2. 材料

生产预制梯段板所需的主要材料详见表 5-2。

安装预制梯段板所需的主要材料详见表 5-3。

预制梯段板生产阶段所需主要材料表 表 5-2

序号	材料名称	规格型号	数量
1	混凝土	C30	根据需要确定
2	钢筋	HPB300($d=8mm$、$10mm$) HRB400($d=14$)	根据设计确定
3	吊钉	根据设计确定	根据设计确定
4	定型钢管骨架	根据抗剪销预留孔尺寸确定	根据设计确定
5	隔离剂	符合设计要求即可	若干

预制梯段板安装阶段所需主要材料表 表 5-3

序号	材料名称	规格型号	数量
1	灌浆料	C40 级 CGM 灌浆料	根据需要确定
2	水泥砂浆	强度≥M10	根据需要确定
3	聚苯板	根据设计确定	根据需要确定

3. 设备

预制梯段板施工所需的主要设备详见表 5-4。

预制梯段板施工所需的主要测量仪器详见表 5-5。

预制梯段板施工所需主要设备表 表 5-4

序号	材料名称	规格型号	数量
1	定制钢模板	根据设计定制	根据需要确定
2	钢筋弯曲机	GW400	1台

续表

序号	材料名称	规格型号	数量
3	钢筋切断机	GQ40	1台
4	钢筋调直机	GT6-12	1台
5	混凝土浇筑料斗		2个
6	混凝土振动器	HZ-30、HZ-50	若干
7	吊钉、吊具	根据设计确定	若干
8	脱模器		若干
9	脱模架		1套
10	塔吊	住宅工程通用塔吊	1台
11	手拉葫芦	根据设计确定	根据设计确定
12	钢丝绳	根据设计确定	根据设计确定

预制梯段板施工所需主要测量仪器表 表5-5

序号	材料名称	规格型号	数量
1	电子测温仪		1套
2	钢卷尺	5m	若干
3	靠尺	2m	1套
4	塞尺		1个
5	水平尺	500mm 2mm/m	1个
6	直角尺	250mm×500mm	若干
7	混凝土试模	15cm×15cm×15cm	若干
8	坍落度筒		1个
9	温度计	WBG-0-2	5个
10	游标卡尺	$L=125mm$	若干
11	水准仪	NI005A	1台
12	全站仪	GTS-102N	1台

4. 注意事项

（1）混凝土、钢筋和钢材的力学性能指标和耐久性要求等应符合现行国家标准《混凝土结构设计规范》GB 50010 的有关规定；进场材料、半成品、成品必须有质量证明文件，不符合要求的严禁进场。

（2）吊装钢丝绳的直径、长度以及手拉葫芦的规格必须结合楼梯段板自重和吊装环境经计算确定。

（3）现浇节点所需混凝土在现场拌制，随拌随用，混凝土应具有良好的和易性和保水性；混凝土必须在拌成后 3 小时内使用完毕（当大气温度超过 30℃时，应在拌成后 2 小时内使用完毕）。

5.1.3　工艺流程及要点

分片式预制楼梯施工的主要工艺流程如图 5-10 所示。

1. 施工准备

工程开工前，预制楼梯要按照设计院提供的设计图纸进行预制深化图纸设计，结合工

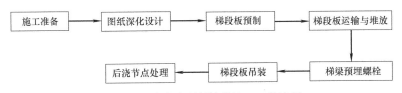

图 5-10 分片式预制楼梯施工工艺流程

程实际做好以下施工准备：

1）加强设计图、施工图和预制楼梯构件加工图的结合，比较各图纸的相符性，确保工厂制作和设计、现场施工的吻合。

2）对预制楼梯现场装配方案进行策划，确保设计意图与现场实施相符，避免返工。

3）做好多专业工种施工劳动力组织，选择和培训熟练技术工人，按照各工种的特点和要点，特别是预制楼梯吊装和安装工人的培训，加强安排与落实。

4）落实施工前期工作，包括材料、工具、保护起吊、运输、储存、临时支撑等。

5）按照三级技术交底程序要求，逐级进行技术交底，特别是对不同技术工种的针对性交底。

6）根据构件的受力特征进行专项技术交底，确保构件吊装状态符合构件设计状态受力情况，防止构件吊装过程中发生损坏。

7）切实加强与建设单位、设计单位的联系。

8）施工前，坚持样板引路制度，组织参观实样，让施工员了解预制装配式楼梯结构的特点和要点，正式施工时有参照和实样的概念。

9）根据预制楼梯构件的连接方式，进行连接钢筋定位、安装工艺培训，规范操作顺序，增强施工人员的质量意识及操作技能水平。

2. 图纸深化设计

1）根据梯段板的形状和结构自重特点，选择确定吊钉和加强筋的规格、位置、数量，以及预留孔洞的数量、位置等内容。对梯段板吊运及安装过程的受力状态及使用的构配件进行力学验算。深化设计图纸及力学验算经设计单位审核批准后实施。梯段板深化设计示例如图 5-11 所示。

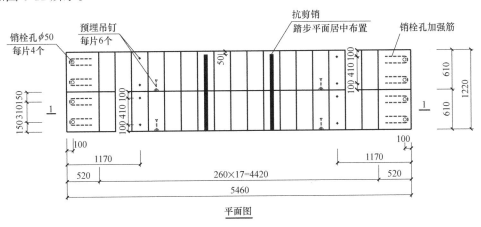

平面图

图 5-11 分片式梯段板深化设计示例（一）

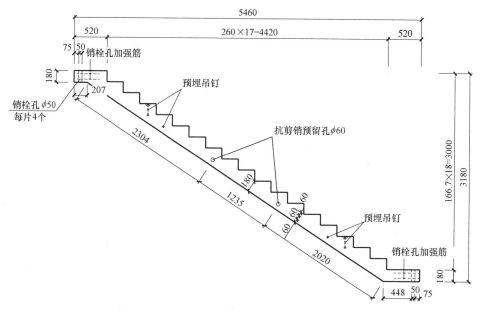

图 5-11　分片式梯段板深化设计示例（二）

2）在梯段板板侧（立模上表面）设计位置预埋 2 枚吊钉以备后期脱模、翻转，在梯段板两端踏步的设计位置各预埋 2 枚吊钉以备后期吊装，吊钉位置需做加强。吊钉加强筋布设如图 5-12 所示。

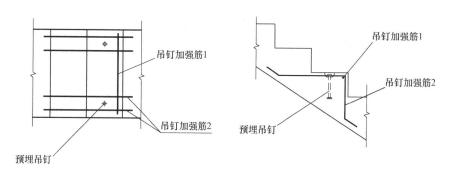

图 5-12　吊钉加强筋布设

3）在距梯段板两端约楼梯跨径 $9l/25$ 位置设置 2 处抗剪销预留孔，由于抗剪销预留孔设在板钢筋内，不再设置加强筋。在梯段板两端的板厚方向各预留 2 个贯通的销栓孔，销栓孔周围设置加强筋，如图 5-13 所示。

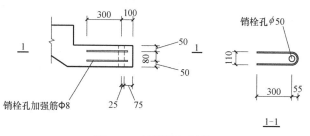

图 5-13　销栓孔加强筋

3. 梯段板预制

1）根据设计单位审核批准的深化设计图纸，委托具有相应专业资质及经验的公司进行定型侧立模具的设计、加工。

2）预埋吊钉由专业厂家提供，型号根据验算确定，产品应有质量证明文件。

3）制作楼梯前，先将模板清扫至表面清洁、无锈迹、无污染状态，然后将隔离剂均匀涂抹在模板内侧。

4）将制作完成的楼梯钢筋网片安装在模具内，并调整好位置，然后将预埋吊钉及相关加强筋固定于设计位置。

5）预制梯段板采用商品混凝土，粗骨料粒径控制在 5～25mm 内，混凝土入模时坍落度控制在 160±20mm，浇筑时投料高度小于 500mm；混凝土振捣采用插入式振捣器，振捣间距小于 400mm。

6）混凝土浇筑完毕经静停后进行养护，达到设计强度后方可进行吊装。

4. 预制梯段板运输

1）同条件养护的混凝土立方体试块抗压强度达到设计强度等级值的 75% 时，方可脱模；预制梯段板吊运时，混凝土强度实测值不应低于设计强度。

2）构件支承的位置和方法，应根据其受力情况确定，但不得超过构件承载力或引起构件损伤。

3）构件出厂前，应将杂物清理干净。

4）采用汽车运输时，预制梯段板分层叠放（不超过 5 层），并采用钢丝绳加紧固器等措施绑扎牢固，防止移动或倾倒；相邻梯段板间放置木枋，对构件边缘及与链索接触处采用衬垫加以保护。

5）构件运输前，根据运输需要选定合适、平整坚实路线；车辆启动、刹车应缓慢，行驶车速均匀，严禁超速、猛拐和急刹车。

6）预制梯段板运至现场后，应根据施工平面布置图进行构件存放。预制梯段板采用叠放方式（不超过 5 层），底部应垫型钢或方木，保证最下部离地 100mm 以上，叠放顺序应按吊装顺序从上至下依次堆放。

7）在停车吊装的工作范围内不得有障碍物，并应有可满足预制构件周转使用的场地。

8）构件运输要按照图纸设计和施工要求编号运达现场，并根据工程现场施工进度情况以及预制构件吊装的顺序，提前将楼梯运输至需要安装楼栋下方料场，做好吊装前的准备工作，以便于现场按照吊装顺序施工。

5. 预制梯段板验收

1）驻预制厂工作人员应当在工厂做好质量把关工作，主要把关内容包括预制楼梯的几何尺寸、钢材及混凝土等材料的质量检验过程，以及楼梯外观观感及安装配件的预留位置和预埋套筒的有效性。

2）进入现场的预制楼梯构件应具有出厂合格证及相关质量证明文件，产品质量应符合设计及相关技术标准要求。

3）预制楼梯应在明显部位标明生产单位、项目名称、构件型号、生产日期及质量合格标志。

4）预制楼梯吊装预留吊钉、预埋件应安装牢固、无松动。

5）预制楼梯的预埋件、预留孔洞等规格、位置和数量应符合设计要求。

6）预制楼梯的外观质量不应有严重缺陷。对出现的一般缺陷，应按技术处理方案进行处理，并重新检查验收。

7）预制楼梯不应有影响结构性能和安装、使用功能的尺寸偏差。对超过尺寸允许偏差且影响结构性能和安装、使用功能的部位，应按技术处理方案进行处理，并重新检查验收。

8）预制混凝土楼梯尺寸允许偏差及检验方法应符合表 5-6 的相关规定。

预制混凝土楼梯尺寸允许偏差及检验方法

表 5-6

项目		允许偏差（mm）	检验方法
长度		±3	钢尺或测距仪检查
侧向弯曲		$L/1000$ 且≤5	拉线、钢尺或测距仪量最大侧向弯曲处
宽度、高（厚）度		±3	钢尺或测距仪量一端及中部，取其中较大值
预埋螺母	中心位置	3	钢尺或测距仪检查
	螺母外露长度	0，-3	钢尺或测距仪检查
预埋件	中心位置	3	钢尺或测距仪检查
	安装平整度	3	靠尺和塞尺检查
对角线差		5	钢尺或测距仪测量两个对角线
表面平整度		3	2m 靠尺和塞尺检查
翘曲		$L/1000$	调平尺在两端量测
相邻踏步高低差		3	钢尺或测距仪检查

注：1. L 为构件长度（mm）。

2. 检查中心线位置时，应沿纵、横两个方向量测，并取其中较大值。

6. 预制梯段板存放

1）堆放构件的场地应坚实平整，并应有排水措施，沉降差不大于 5mm。

2）预制楼梯运至现场后，根据施工平面布置图进行构件存放，楼梯存放应按照吊装顺序、楼梯编号、待施工楼栋等配套堆放在塔吊有效吊重覆盖范围内。

3）不同编号预制楼梯堆放之间设 1.2m 宽通道。

4）预制楼梯直接堆放必须在楼梯上加设枕木，场地上的构件应作防倾覆措施，堆放好以后要采取临时固定措施。

5）预制钢筋混凝土楼梯堆放时应平放。

7. 运输道路与构件堆场

1）场内预制装配式楼梯运输施工道路，考虑吊装车辆及构件车辆的运行，建议专门进行设置。路面采用装配式路面，可周转使用，绿色环保，如图 5-14 所示。

2）场地硬化

按照 PC 构件堆放承载及文明施工要求，现场裸露的土体（含脚手架区域）场地需进行场地硬化，做法如图 5-15 所示。

8. 梯梁预埋螺栓

1）分别在梯段板上、下端的支承梯梁上各预埋 4 根 C 级固定螺栓（型号由计算确

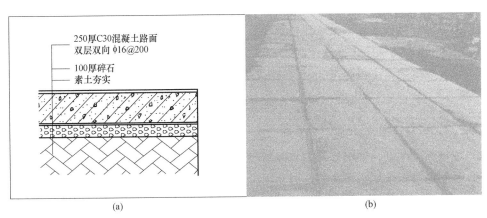

图 5-14 施工道路做法示意图

(a) 道路制作示意图；(b) 预制装配道路

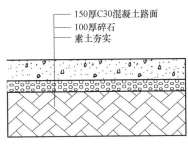

图 5-15 构件堆场硬化示意图

定），位置与梯段板的销栓孔相对应。梯梁预埋螺栓如图 5-16 所示。

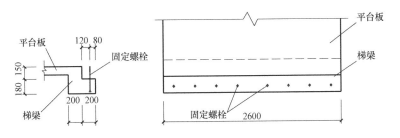

图 5-16 梯梁预埋螺栓示意图

2）"L"形梯梁翼缘板上表面需做 20mm 厚、强度等级≥M10 的 1：1 水泥砂浆找平层，找平层灰饼标高要控制准确。

9. 梯段板吊装

（1）定位测量控制

1）预制装配式结构，定位测量与标高控制，是一项重要施工内容，关系到装配式建筑物定位、安装、标高的控制。针对工程特点，根据主体结构控制线找出楼梯安装控制线。

2）每层装配式楼梯安装控制线为 2 条，为楼梯平台上与楼梯垂直和平行的 2 条控制线。

3）根据控制轴线及控制水平线依次找出楼梯安装控制线，根据主体结构标高控制线用水准仪测出预制楼梯安装标高控制线。

4）轴线放线偏差不得超过 2mm，放线遇有连续偏差时，应考虑从建筑物一条轴线向两侧调整。

5）高程控制利用水准仪进行控制。

（2）楼梯吊装工艺流程

1）根据施工图纸，弹出楼梯安装控制线，对控制线及标高进行复核。

2）预制梯段板采用水平吊装，用专用吊环与梯段板预埋吊钉连接，确认牢固后方可继续缓慢起吊。在梯段板两端悬挂牵引绳，由辅助人员牵引以保证平稳吊装，避免碰撞。待塔吊将梯段板吊至作业面上方适当位置后略作停顿，改变手拉葫芦铰链长度使梯段板调整至设计角度，缓慢就位；同时根据控制线利用撬棍微调、校正。整个吊装过程中，钢绞线最大扩张角不得超过 120°。梯段板吊装角度调整如图 5-17、图 5-18 所示。

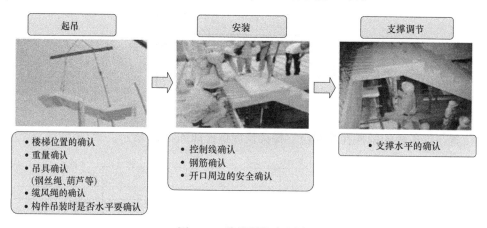

图 5-17　楼梯吊装流程图

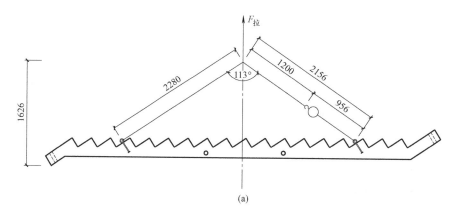

(a)

图 5-18　梯段板吊装角度调整示意图（一）

（a）平吊阶段

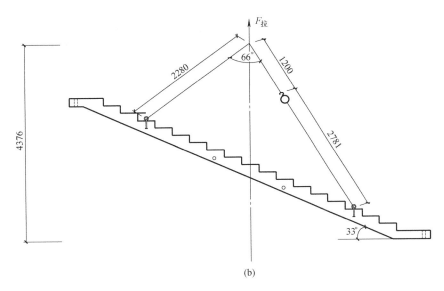

图 5-18　梯段板吊装角度调整示意图（二）

（b）角度调整阶段

10. 后浇节点处理

1）两片梯段板拼合就位后，在抗剪销预留孔内植入焊有支撑肋的定型钢管，并灌入灌浆料，养护至设计强度后形成抗剪销，保证两片梯段板协同受力。定型钢管骨架大样及抗剪销结构设计如图 5-19、图 5-20 所示。

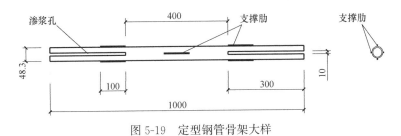

图 5-19　定型钢管骨架大样

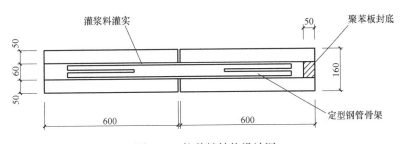

图 5-20　抗剪销结构设计图

2）梯段板安放至梯梁上后（预埋长螺栓穿过销栓孔），利用灌浆料填灌楼梯两端销栓孔，注意上端灌实，下端需留设空腔。搅拌好的灌浆料必须在 30min 内灌注完毕，灌浆材料填充操作结束后 4h 内应加强养护，不得施加有害振动、冲击。铰端节点大样如

图 5-21 所示。

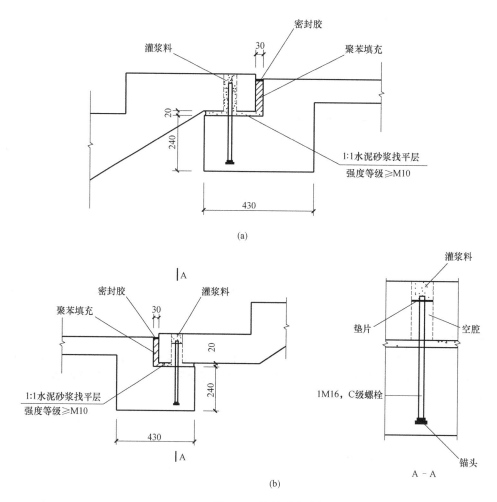

图 5-21 铰端节点大样

(a) 上端固定铰支座;(b) 下端滑动铰支座

5.1.4 质量控制

1. 质量标准

1) 预制梯段板的制作、堆放、运输和安装应符合现行国家标准《混凝土结构工程施工规范》GB 50666、《混凝土结构工程施工质量验收规范》GB 50204 及《装配式混凝土结构技术规程》JGJ 1 的有关规定。此外,分片式预制楼梯制作及安装偏差应符合表 5-7、表 5-8 的规定。

分片式预制梯段板制作允许偏差及检验方法 表 5-7

项目		允许偏差(mm)	检验方法
截面尺寸	楼梯段板	±5	尺量
	相邻踏步高差	±2	尺量

续表

项目		允许偏差(mm)	检验方法
预埋件	中心位置	3	尺量
	预埋吊钉与混凝土面平面高差	0，−5	尺量
预埋螺栓	中心位置	3	尺量
	外露长度	±5	尺量
表面平整度		3	2m靠尺和塞尺量测
对角线差		5	尺量
翘曲		$L/750$	调平尺两端量测

注：检查轴线、中心线位置时，沿纵、横两个方向量测，并取其中偏差较大值。

装配式楼梯安装允许偏差及检验方法   表 5-8

项　目	允许偏差(mm)	检验方法
梯段板轴线位置	5	经纬仪及尺量
梯段板底面或顶面标高	±5	经纬仪及尺量
梯段板与邻近楼板平整度	5	尺量
梯段板搁置长度	±10	尺量
板接缝宽度	±5	尺量

2）同条件养护的混凝土立方体试件抗压强度达到设计混凝土强度等级值的75%时，方可脱模；预制梯段板吊装时，混凝土强度等级实测值不低于设计要求。

3）预制梯段板吊装、运输时，动力系数取1.5；预制梯段板翻转及安装过程中就位、临时固定时，动力系数取1.2。

4）梯段板吊装过程中，钢丝绳最大扩张角不得超过120°。

5）在销键预留孔封闭前对梯段板进行验收。

2. 质量保证措施

（1）建立施工方案审批制度

1）施工方案编制前需召开专项方案讨论会，确定现场实施方案等。

2）施工方案必须经项目经理、项目工程师、安全负责人等审批。

（2）建立技术、质量交底制度

技术、质量的交底必须采用书面签证确认形式，具体可分为以下几方面：

1）项目总工须组织项目部全体人员对图纸进行认真学习。

2）本着谁负责施工谁负责质量、安全工作的原则，各分项工程负责人在安排施工任务同时，必须对施工班组进行书面技术质量、安全交底，做到交底不明确不上岗，不签证不上岗。

（3）建立质量检查评定制度

整个施工过程都要按规定认真进行检验，未达到标准要求须返工，验收合格后才能转入下道工序。

5.1.5 实施效果

分片式预制楼梯减轻了预制梯段板的吊装自重，使预制楼梯构件的应用范围得到极大拓展。

1. 经济效益

以板宽 1200mm、投影跨度 4920mm、板厚 160mm 的单跑楼梯为例，对装配式楼梯与现浇楼梯进行成本对比测算，具体计算过程如表 5-9 和表 5-10 所示：

分片式预制楼梯（单跑）综合单价清单　　　　　　表 5-9

序号	项目	单位	用量	单位	小计(元)	备注
一	材料费					
1	钢筋	kg	325.6	2.2 元/kg	716.3	
2	混凝土	m³	1.54	320 元/m³	492.8	
3	吊钉	个	8	5.6 元/个	44.8	
二	人工费					
1	人工费	—	—	—	300	均摊费用
2	机械费				80	均摊费用
三	其他费用					
1	模具	m²	10.6	3 元/m²	31.8	均摊费用
2	养护费	m³	1.54	2 元/m³	3.08	均摊费用
3	后处理	—	—	—	30	均摊费用
四	合计成本			2003.7 元		

现浇楼梯（单跑）综合单价清单　　　　　　表 5-10

序号	项目	单位	用量	单位	小计(元)	备注
一	材料费					
1	钢筋	kg	302.3	2.2 元/kg	665.1	
2	混凝土	m³	2.24	320 元/m³	716.8	
二	人工、机械费					
1	人工费	—	—	—	500	均摊费用
2	机械费				80	均摊费用
三	其他费用					
1	模具	m²	10.6	15 元/m²	159	均摊费用
2	养护费	m³	1.54	5 元/m³	7.7	均摊费用
3	后处理	—	—	—	100	均摊费用
四	合计成本			2228.6 元		

经测算，分片式楼梯可比现浇楼梯单跑节省成本约 224.9 元，若考虑各地工业化的优惠奖励政策或面积补助，分片式预制楼梯施工技术的应用成本将进一步降低。

此外，在装配式建筑施工中，构件制作工时占总工时的 65%，安装占 20%~25%，运输占 10%~15%，采用装配式施工技术可将大量的工作从现场转移到工厂，从而缩短施工工期，由此取得的工期效益亦十分显著。

2. 社会效益

分片式预制楼梯可实现梯段板批量工厂化预制，在减少能源消耗的同时，也大幅降低了对环境的影响。

1）节能：建造过程中的集中生产使建造能耗低于传统手工方式。

2）节水：工业化生产改变了混凝土构件的养护方式，实现养护用水的循环使用。

3）节材：工厂化集中生产方式，降低了建筑主材的消耗；装配化施工方式，降低了建筑辅材的损耗。

4）环保：现场装配施工相较传统的施工方式，减少了建筑垃圾的产生、建筑污水的排放、建筑噪声的干扰、有害气体及粉尘的排放。

3. 应用推广情况

截至目前，分片式预制楼梯已在龙兴工业园定向商品房 C 组团一标段、中建·翰林苑项目投入实际应用，累计应用 590 跑，产生直接经济效益 198.99 万元。

分片式预制楼梯施工技术应用过程中，培养了设计、施工、质检等专业技术骨干 20 余人，培育了多支装配式专业施工队伍。同时，分片式预制楼梯施工技术的应用，在施工过程中提高了施工速度与实体质量，缩短了施工工期，减少了材料浪费与环境、噪声污染，取得了较好的技术、经济、社会与环境效益。

通过分片式预制楼梯施工技术的成功应用，总结研发出了一套成熟可靠的涉及装配式楼梯设计、制作、吊装成套工艺，在当前大力倡导建筑工业化的大背景下，分片式预制楼梯施工技术具有广阔的推广应用前景。

5.2　分段式楼梯

分段式楼梯是指将单跑楼梯分成两段预制，并将两段楼梯板的上下两段采用可靠连接方式连接的预制楼梯形式。

5.2.1　工艺原理

1. 分段式预制楼梯

将单跑楼梯分成两段预制，分别按照设计进行钢筋绑扎，并在两段楼梯板的设计位置预埋圆头吊钉以备后期吊装，在预制楼梯板与主体连接端（上段板的上端和下段板的下端）预留设计长度的钢筋以备与主体钢筋连接。

2. 分段式预制楼梯安装

预先在楼梯间中部设置用于支承楼梯板的 T 形梁（图 5-22），吊装施工前在 T 形梁上表面敷设聚四氟乙烯板（抗滑支座垫板），将楼梯板平吊至楼梯间相应位置，利用手拉葫芦将楼梯板调整至合适角度后搁置在横梁上。将楼梯板预留钢筋与主体钢筋连接，最后用比主体结构混凝土强度等级高一级的微膨胀混凝土浇筑连接节点，养护至设计强度即可。

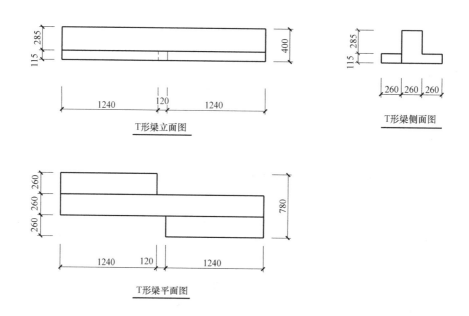

图 5-22 T 形梁设计示意图

5.2.2 材料与设备

1. 材料

根据分段式预制楼梯的设计资料，配备相应规格和足够数量的钢筋、混凝土、圆头吊钉等材料。

钢筋：型号根据设计选定，按设计图纸绑扎钢筋笼。

混凝土：商品混凝土，强度等级根据设计选定。

圆头吊钉：专业厂家生产，型号根据楼梯板尺寸及自重选定。

2. 机具设备

塔吊、手拉葫芦、钢丝绳、钢丝绳扣、卸扣、万向接头（与吊钉配套）等。

3. 注意事项

1）进场材料、成品必须有出厂合格证及试验报告，对不符合要求的材料和成品严禁进场；预制楼梯板装卸需平稳，避免冲撞。

2）吊装钢丝绳的直径、长度以及手拉葫芦的规格必须结合楼梯板自重和吊装环境经计算确定。

3）现浇节点所需混凝土在现场拌制，随拌随用。混凝土应具有良好的和易性和保水性，必须在拌成后 3 小时内使用完毕（当大气温度超过 30℃时，应在拌成后 2 小时内使用完毕）。

5.2.3 工艺流程及要点

分段式预制楼梯的施工工艺流程如图 5-23 所示。

```
┌─────────┐    ┌─────────┐    ┌─────────┐    ┌─────────┐
│ 楼梯板预制 │ →  │抗滑支座垫│ →  │预制楼梯板│ →  │现浇节点 │
│         │    │ 板敷设  │    │  吊装   │    │  浇筑   │
└─────────┘    └─────────┘    └─────────┘    └─────────┘
```

图 5-23 分段式预制楼梯的施工工艺流程

1. 分段式楼梯板预制

1) 为保证预制楼梯板的成型质量及后期拼装质量，分段式预制楼梯的制作采用钢模板，相应尺寸严格按设计配置；为便于脱模，模板内侧应涂刷一层隔离剂。

2) 上、下段楼梯板预埋圆头吊钉的位置需经计算确定，施工时严格按设计布设。圆头吊钉的规格由专业厂家设计提供，吊钉及其配套吊装器具由专业厂家制作，并应满足相关规范要求；吊钉处设置加强钢筋。圆头吊钉及加强钢筋布设如图 5-24 所示。

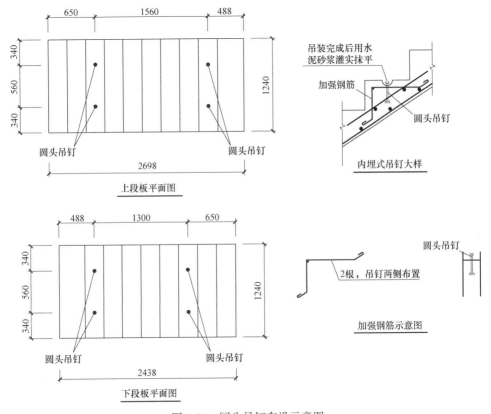

图 5-24 圆头吊钉布设示意图

3) 浇筑预制楼梯混凝土时应振捣充分，通过敲振模具使混凝土密实，防止产生麻面。预制楼梯混凝土浇筑完成后及时进行养护，防止产生裂缝，养护至设计强度后方可进行吊装。

2. 抗滑支座垫板敷设

在预制楼梯板与 T 形梁搭接面提前敷设聚四氟乙烯板（其他类似材料亦可），宽度同踏步板，以此作为抗滑支座垫板。

3. 预制楼梯板吊装

1) 塔吊司机须控制起吊速度；在预制楼梯板两端悬挂牵引绳，由地面人员辅助牵引以保证平稳吊装，防止碰撞。

2）使用塔吊将预制楼梯板平吊至安装部位，用手拉葫芦将预制楼梯板调整至合适角度，缓慢下放至梯梁。吊装过程中应保持梯板面平顺，注意检查定位情况并及时调整。预制楼梯板吊装施工如图 5-25 所示。

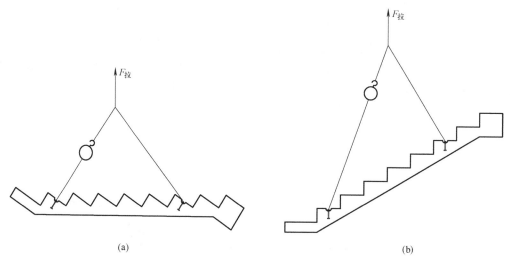

图 5-25　预制楼梯板吊装示意图
（a）平吊阶段；（b）角度调整阶段

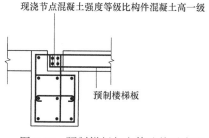

图 5-26　预制梯板与主体连接示意图

3）吊装完成安装后，用水泥砂浆将吊钉孔灌实抹平。

4. 现浇节点浇筑

1）预制楼梯板调整安装到位后，严格按照设计将楼梯板两端的预留钢筋与主体钢筋进行连接，如图 5-26 所示。

2）现浇节点混凝土浇筑前，对预制楼梯板端部及主体相应部分进行凿毛处理，清理干净后再浇筑混凝土。现浇节点采用微膨胀性混凝土，其混凝土强度等级应比主体结构混凝土强度等级提高一级。

5.2.4　质量控制

遵照国家标准《装配式混凝土结构技术规程》JGJ 1、《混凝土结构工程施工质量验收规范》GB 50204 及设计图纸要求，分段式预制楼梯制作及安装偏差应符合表 5-11、表 5-12 的规定。

分段式预制楼梯板尺寸的允许偏差及检验方法　　　　　　表 5-11

项目		允许偏差（mm）	检验方法
截面尺寸	楼梯板	±5	尺量
	楼梯相邻踏步高差	±2	尺量

续表

项目		允许偏差(mm)	检验方法
预埋件	中心线位置	3	尺量
	预埋吊钉与混凝土面平面高差	0，−5	尺量
预留插筋	中心线位置	3	尺量
	外露长度	±5	尺量
表面平整度		3	2m靠尺和塞尺量测

注：检查轴线、中心线位置时，沿纵、横两个方向量测，并取其中偏差较大值。

装配式楼梯位置和尺寸的允许偏差及检验方法　　　　　　表 5-12

项目	允许偏差(mm)	检验方法
楼梯板轴线位置	5	经纬仪及尺量
楼梯板底面或顶面标高	±5	经纬仪及尺量
楼梯板与邻近楼板平整度	5	尺量
楼梯板搁置长度	±10	尺量
墙板接缝宽度	±5	尺量

5.2.5 实施效果

1. 经济效益

为了分析分段式预制楼梯与现浇楼梯的经济效益，将两种形式楼梯的综合单价进行对比。以板宽1240mm、整体跨度5200mm（分段式预制楼梯板厚100mm，现浇楼梯板厚200mm）的单跑楼梯为例进行说明，如表5-13、表5-14所示。

分段式预制楼梯（单跑）综合单价清单　　　　　　表 5-13

序号	项目	单位	用量	单位	小计(元)	备注
一	材料费					
1	钢筋	kg	110.17	2.3 元/kg	253.4	
2	混凝土	m³	1.26	330 元/m³	415.8	
3	吊钉	个	8	5.6 元/个	44.8	
4	聚四氟乙烯板	kg	11.48	30 元/kg	344.4	
二	人工费					
1	人工费	—	—	—	422.2	均摊费用
2	机械费				85	均摊费用
三	其他费用					
1	模具	m²	13.6	8.48 元/m²	115.3	均摊费用

续表

序号	项目	单位	用量	单位	小计(元)	备注
2	养护费	m³	1.26	5元/m³	6.3	均摊费用
四	吊装费用					
1	吊装、校正人工配合费	—	—	—	75	均摊费用
五	合计成本			1762.2元		

据初步估算，分段式预制楼梯比现浇楼梯单跑节省造价 727.3 元。

分段式预制楼梯在双溪项目 3 号楼投入应用 4 层（共 16 跑楼梯），在天堡寨项目 B10 号楼投入应用 2 层（共 8 跑楼梯），初步统计节约成本 17455.2 元，此外，分段式预制楼梯较现浇楼梯能明显缩短工期，由此带来的效益亦相当可观。

现浇楼梯（单跑）综合单价清单   表 5-14

序号	项目	单位	用量	单位	小计(元)	备注
一	材料费					
1	钢筋	kg	188.48	2.3元/kg	433.5	
2	混凝土	m³	2.03	330元/m³	669.9	
二	人工、机械费					
1	人工费	——	—	—	1117	均摊费用
2	机械费	—	—	—	85	均摊费用
三	其他费用					
1	模具	m²	11.6	15元/m²	174	均摊费用
2	养护费	m³	2.03	5元/m³	10.1	均摊费用
四	合计成本			2489.5元		

2. 工程实例

目前，分段式预制楼梯已经在重庆两江新区双溪公租房工程 B 区商业、重庆市天堡寨安置房一标段 B 组团工程等项目投入应用。采用该技术保证了楼梯施工质量、提高了施工速度、缩短了施工工期，在整个施工过程无质量安全事故发生，得到业主及监理的好评。一些楼梯的应用如图 5-27、图 5-28 所示。

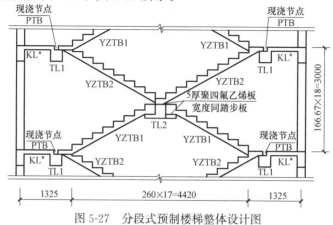

图 5-27 分段式预制楼梯整体设计图

钢筋绑扎

构件成型

吊装上车

现场安装

聚四氟乙烯板（抗滑支座垫板）

聚四氟乙烯板（抗滑支座垫板）

图 5-28　分段式预制楼梯应用实例图（一）

图 5-28　分段式预制楼梯应用实例图（二）

5.3　本章小结

本章通过对分片式和分段式楼梯的工艺原理、生产过程、施工流程等进行了研究总结，主要结论如下：

1. 分片式和分段式预制楼梯减轻了预制梯段板的吊装自重，使装配式楼梯构件的应用范围得到极大拓展。

2. 分片式预制楼梯可比现浇楼梯单跑节省成本约 224.9 元，已在龙兴工业园定向商品房 C 组团一标段、中建·翰林苑等项目投入实际应用，累计应用 590 跑，产生直接经济效益 198.99 万元。

3. 分段式预制楼梯在双溪项目 3 号楼投入应用 4 层（共 16 跑楼梯），在天堡寨项目 B10 号楼投入应用 2 层（共 8 跑楼梯），初步统计节约成本 17455.2 元。

CHAPTER 6

第6章

异形预制构件生产与安装

在装配式建筑中，异形构件主要包括楼梯、阳台、飘窗等预制构件。异形构件通常具有体积小、形状不规则等特征，给模具加工、构件生产、构件存放、构件运输、现场施工安装都带来了一定的难度，尤其是在质量控制和精度控制方面尤为明显。在脱模起吊、运输存放、安装起吊时，易因起吊点、吊钉载荷、吊装方法等造成吊装困难，甚至导致预制构件的损坏。在现场安装时，常由于构件外形尺寸误差较大，造成预制构件之间拼缝宽度不一致、相邻预制构件的平整度超差、垂直度超差等，影响整体安装质量。另外，住宅建筑中的飘窗、阳台等构件多用于对防水有较高要求的部位，其防水质量也成为装配式建筑能否大力推广的一个关键。

现阶段国内外关于预制构件生产工艺方面的研究主要侧重于保证标准构件质量并实现生产自动化，而对于异形构件方面的研究较少。如何提高异形构件的周边坡脚、洞口等生产精度，如何提高其防水质量成为目前研究的重点。

6.1 常见异形构件种类

目前装配式混凝土建筑中常见的异形构件有预制楼梯、预制阳台、预制飘窗墙、预制叠合梁、预制 L 形墙板、预制 L 形 PCF 板等多种构件，如图 6-1～图 6-5 所示。异形构件

图 6-1 预制楼梯

图 6-2 预制阳台

图 6-3   预制飘窗墙

图 6-4   预制 L 形墙板

图 6-5   预制 L 形 PCF 板

因生产工艺复杂，模具部件较多，浇筑过程繁琐、存放运输不便、吊装不平稳等诸多因素对其生产过程、安装过程精度控制要求更高，需要采取相应的措施保证最终的精度要求。

6.2   异形预制构件尺寸控制措施

6.2.1   模具设计

异形构件由于其本身具有的不平整、造型复杂和阴阳角多等特征，只能采用独立式模具。而独立式模具为保证刚度、强度、稳定性和可制作性，用钢量往往较大；加上底模，模具重量较大，存在组装或拆卸困难等问题，影响了预制构件的生产质量和生产效率。另外，异形构件的出筋位置不在一个水平面，模具上外露钢筋的出孔或开槽对模具的设计、组装和布置有很大影响。

（1）一般设计要求

1）强度设计要求

模具应具有足够的承载力、刚度和稳定性，保证在构件生产时能可靠承受浇筑混凝土的重量、侧压力及工作荷载。为保证构件尺寸精度，异形构件模具以钢模为主，支撑结构可选型钢或者钢板，规格可根据模具形式选择。

由于模具的周转使用次数有一定的要求，一般需要满足100次周转使用要求；因此模具制作中还应进行加强设计，一般通过增设背撑筋板达到对模具的加强设计效果。当筋板不足以解决时可把每个筋板连接起来，即增设水平筋板以增强整体刚度。

模具设计应满足如表6-1所示要求：

模具设计规范表 表6-1

材料	内容		单位	构件类型							悬挑工装	加固工装	主筋定位工装
				墙板	凸窗	阳台	楼梯	叠合梁	柱	PM板			
钢模Q235B	厚度	面板厚度	mm	6	6	6	6	6	6	6	50×30×3方管	8♯槽钢、10♯槽钢、50×50×3角钢等	50×50×3角铁
		筋板厚度（中间筋板）	mm	6	6	6	6	6	6	6			
		翼缘板厚度（外侧四边筋板）	mm	8	8	8	8	8	8	8			
	宽度	筋板宽度	mm	80	80(100)	80(100)	100	80(100)	80(100)	80			
		翼缘板宽度	mm	80	80(100)	80(100)	100	80(100)	80(100)	80			
	间距	筋板间距	mm	500	400	400	500			500			
备注	模具高度不超过300mm，边模筋板和翼缘板采用80mm；超过300mm可用100mm宽板，600mm以上模具中间增设水平筋板												

2）模具焊接要求

① 模具焊接严禁点焊；

② 模具焊缝长度须≥30mm；

③ 模具的加强筋板必须两边焊接；

④ 模具在焊接支撑筋板及螺栓组件时，要避开预埋件安装孔、外露伸出筋，要留有扳手操作的空间便于工人操作。

3）模具精密连接

为防止胀模产生的构件尺寸变形等问题，模具部件之间的连接均采用粗牙螺栓、定位圈、粗牙螺母组合件。此组合件锁紧定位为一体式，螺栓和定位圈在外侧，螺母在内侧，模具组装调整好尺寸锁紧后才能将定位圈和螺母分别焊在模具上，此螺栓外径18mm，模具底孔开孔φ20，螺栓、螺母的外六方为26mm，所有螺栓组合件在开底孔、焊接时应避开外露伸出筋，粗牙螺栓的长度约为80mm（螺栓外露长度在10mm以内），如图6-6所示。

4）防漏浆设计

图 6-6　模具精密连接

漏浆是很多质量问题的根源，因此模具设计中一定要考虑防漏浆措施。异形构件本身就因造型复杂，拆模比较麻烦；如果一旦漏浆，则会大大增加模具对混凝土构件的吸附力，不但构件边角部位会产生蜂窝麻面等现象，还会因拆模困难损坏构件。因此在异形构件模具设计时需要设置堵浆条、增设加固螺栓减少模具与模台之间的缝隙，如图 6-7 所示。

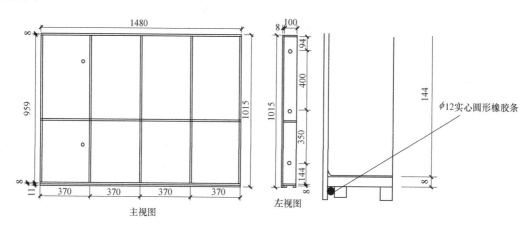

图 6-7　模具堵浆设计

5）大型模具防胀模设计

阳台、飘窗、柱等大型异形构件，其模具设计中，上部用 10♯ 槽钢在中间做悬挑防止内侧模变形。边模可用 6mm 厚钢板、10♯ 槽钢以及 65×65×6 角铁等作斜支撑支架加固，如图 6-8～图 6-10 所示。

（2）制作精度要求

预制构件的尺寸精度受模具设计好坏直接影响，各地地方标准和国家标准都严格规范预制构件尺寸。因此，模具尺寸对预制构件尺寸至关重要。模具组装完成后，必须达到表 6-2 所要求的精度要求，才能予以验收合格。

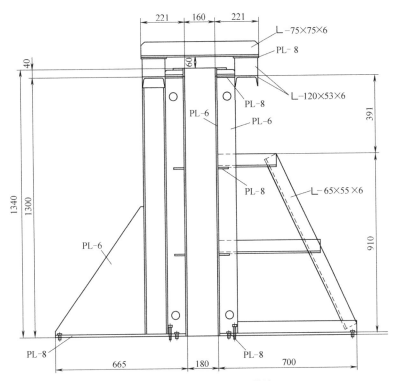

图 6-8　大型柱边模加固措施

图 6-9　阳台防胀模悬挑

图 6-10　楼梯防胀模竖向槽钢加固

模具初装验收记录表　　　　　　　　　　　　　　　　　表 6-2

项目名称：　　　　　　　　　　　　　　　编号：

产品类型		检验日期				
检查项目	允许偏差	设计值	实测值	整改后实测值	是否合格	备注
长	0，−4					含台模入场检查。合格为○，不合格为×
宽	0，−3					含台模入场检查
厚(高)	0，−3					含台模入场检查

续表

产品类型			检验日期				
检查项目	允许偏差		设计值	实测值	整改后实测值	是否合格	备注
对角线偏差	2						墙、楼板模具、台模
翘曲	$L/1500$,且<3						含台模入场检查
侧向弯曲	$L/2500$	楼板					
	$L/3000$	墙板					
	$L/2000$	梁、柱					
表面平整度	2						含台模入场检查
拼板表面高低差	0.5						墙、侧模、底模之间
侧模与底模垂直度	2,H<400						
	3,H≥400						
组装间隙	1						
中心线位移	3	出筋孔					
		预埋孔					
		安装孔					
		预留孔					
门窗洞	长	0,+2					
	宽	0,+2					
	厚	0,−2					
	对角线	2					
	垂直度	2					
	位置	3					
部件齐全	组成部件是否齐全						
外观质量	标识、凹凸、破损、弯曲、锈蚀						
检验结论							
	质检员:			工艺员:			

6.2.2 构件深化设计

异型构件往往形状不标准，立面造型复杂，钢筋排布密集。为了构件能保质保量生产，针对构件加工难度大或易于破损的部位进行二次优化设计，简化构件复杂程度，统一立面的类型，并采用相应的构造措施；保证构件具有足够的精度、安全性和适用性，在生产、运输和安装过程中能够顺利进行。

（1）控制预制构件跨度

为解决预制板在吊装过程中经常因跨度过大而断裂的问题，尽量将预制板跨度控制在板的挠度范围内，以减少现场吊装过程中损坏。

（2）设置脱模斜度

由于异形构件造型复杂，拆模时容易出现缺棱掉角的问题。深化设计时应尽量预留好脱模斜度，如图 6-11 所示。

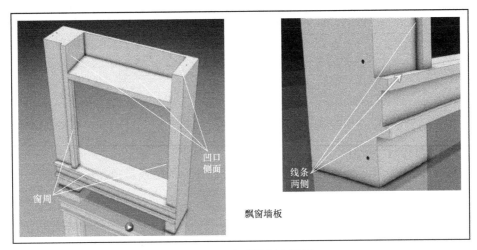

图 6-11　飘窗脱模斜度设置

（3）改进外立面线条制作工艺

建筑外立面一般都会有凹凸造型，传统做法是将线条直接和预制构件一起预制出来，其缺点是容易造成构件边角缺棱掉角，且模具成本高。在 PC 深化设计中尽量优化外立面凹凸造型对构件生产影响，通过采用 GRC 线条或 EPS 膨胀聚苯板线条后贴等措施，可以减少预制构件凹凸造型，避免拆模中造成的缺棱掉角等问题，如图 6-12 所示。

图 6-12　外立面凹凸造型

（4）优化出筋设置

飘窗和阳台等异形构件主要通过预留钢筋与其他构件连接。在设计时优先钢筋位置，避免交叉双向钢筋导致浇筑及脱模困难，从而造成构件尺寸精度难以控制、缺棱掉角等问题，如图 6-13 所示。

（5）构件薄弱部位处理

在异形构件的变截面及转角处、洞口处等易发生开裂部位采取加强措施：

1）设置倒角；

2）加设补强钢筋，如图 6-14 所示。

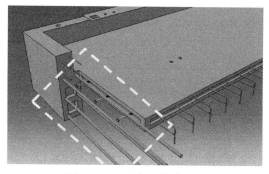

图 6-13　双向交叉伸出钢筋

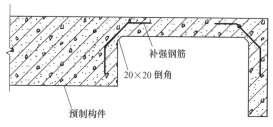

图 6-14　构件变截面处设计优化

（6）阳角部位设计处理

部分构件的阳角部位能采用圆角处理的尽量设计为圆角或斜角，这样脱模容易成型，不易碰损，如图 6-15、图 6-16 所示。

图 6-15　楼梯踏步阳角倒圆角处理

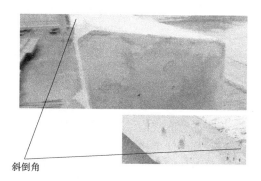

图 6-16　飘窗构件倒斜角处理

6.3　典型异形构件生产控制技术

6.3.1　阳台

（1）阳台模具

预制混凝土阳台构件通常采用钢制模具来生产，此种模具主要由底模、长侧模、短侧模和定位螺栓等组成。底模上方有长侧模和短侧模组成的框架，侧模与底模做铰连接。在生产阳台构件时，按次序先拆除长侧模，后拆除短侧模。侧模拆除后，将构件钢筋放入模具，先合拢短侧模，后合拢长侧模。待侧模合拢后，用定位螺栓固定侧模。这种模具由于结构不合理，存在很多问题：

1）为便于侧模的拆卸和组装，通常在有阳台预留钢筋一侧的长侧模上开有两条通缝。通缝一般用胶条等封堵，封堵物容易发生位移甚至脱落，造成混凝土漏浆，使阳台构件预留钢筋周围出现蜂窝、孔洞，严重地影响了阳台预制构件的质量和安装。

2）模具由于漏浆严重，侧模与预留钢筋往往被漏出的混凝土粘结在一起，导致侧模不易拆除，必须先将凝固的漏浆清除干净，增加了多道工序；而且在拆模时可能导致构件破损。

3）侧模上开有通缝，其强度会严重下降，极易变形，甚至断裂。变形的侧模会使阳台预制构件变形和尺寸超差。为防止侧模受力变形，在构件的生产过程中需小心翼翼地操作，影响了生产效率。

4）为避免预留钢筋妨碍侧模的拆装，还要在模具合拢前先把预留钢筋折弯。待构件从模具中取出后，再把预留钢筋调直。如果遇到直径比较粗的钢筋，来回弯曲，费力费时，还损伤钢筋。

5）预留钢筋在穿过长侧模上的通缝时，同时对准通缝较难，需要两名以上工人同时操作。

6）现有模具在很大程度上是依靠定位螺栓使侧模得以定位，因此，定位螺栓的拧紧程度直接关系到侧模定位的准确度，从而影响到预制阳台构件的精度。在实际操作中，定位螺栓的拧紧程度受人为因素影响较大，不易控制，精度不易保证。

为解决上述问题，对模具的拆装方式和结构进行了研究，设计了一种混凝土预制阳台构件高精度生产模具。此种钢制模具侧模采用三拼式，将钢筋之间部分的模板单独设置，两边的模板与中间模板拼缝处预留钢筋孔，通过螺杆穿过筋板紧固连接，如图 6-17 所示。

在生产阳台构件时，依次拼装三块侧模，并通过卡槽定位，将螺杆穿筋板孔连接，保证了模具定位的可靠性和阳台预制构件尺寸的精度，克服了模具组拆难、易胀模、易漏浆、定位不准、周转利用率低等缺点。

图 6-17　预制阳台高精度模具

（2）防水构造

在阳台挑檐及封边梁下沿设置滴水线，为防止边角破坏，滴水线采用半圆或三角形钢条作为模具制成，在钢条底部中线焊接小型螺杆，模具底座对应位置预留相适应的圆孔。在拼装阳台板模具时，将钢条螺杆穿入模具圆孔，以便快速定位；在模具外侧拧入螺帽，固定滴水线位置，减少了钢条安装时间，确保了滴水线位置的精准性。在拆除模具时，将阳台板四周模具拆卸后，用吊具连接构件起吊，形成滴水线。清理模具时，将钢条拆除，清理周边混凝土固体杂质，保证滴水线位置无夹杂，构件能够顺利脱模。滴水线具有装拆方便快捷、质量好、不易破损等特点。

（3）阳台生产

1）工艺流程图

预制阳台生产工艺流程图如图 6-18 所示：

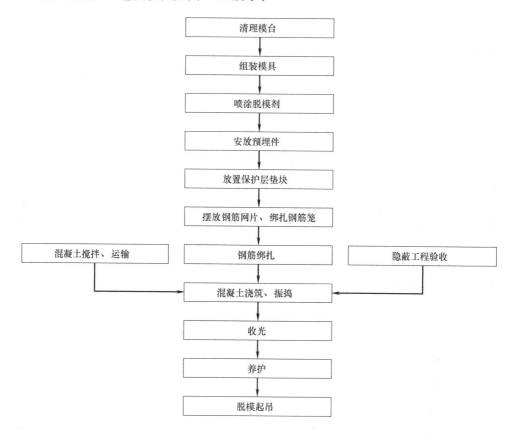

图 6-18 预制阳台生产工艺流程

2）生产工艺

① 模具清理、组装如图 6-19、图 6-20 所示

图 6-19 清理模具

图 6-20 组装模具

将底模、侧模、端模上大块混凝土、热熔胶残渣等杂物清除。用砂纸或打磨机将模具面有锈迹的区域打磨清理，保证模具表面光泽无异物。将底模与侧模、端模按照组装图组装起来，用螺丝固定，并检查尺寸是否在偏差范围内。部分侧模、端模需在绑扎完钢筋笼后拼装。

② 喷涂隔离剂

均匀喷洒隔离剂，适量即可。将底模面上的隔离剂涂抹均匀，再将模具两边涂上隔离剂。

③ 钢筋绑扎

根据面积在模具底面放置适当数量的保护层垫块。按照图纸要求的间距与数量将箍筋布放在主筋上并绑扎牢固，箍筋与主筋及横向钢筋交叉点需满扎。按照图纸要求的间距与数量将下、上层钢筋网布放好，中间部分采用梅花点状的方式跳扎，如图 6-21 所示。

图 6-21　钢筋绑扎

④ 安放预埋件

按照图纸要求的尺寸，用卷尺在模具上测出定位点并标记，将带有磁性底盘的安装螺母吸附在定位点上。将 PVC 管固定在工装上，若无工装用热熔胶将 PVC 管固定，同时用扎丝将 PVC 管绑扎在邻近的钢筋上。再次清理模具中的异物杂物，进行检查验收，如图 6-22 所示。

⑤ 混凝土浇筑与振捣

确认隐蔽工程质检单有质检员签字确认后，将所需方量报于搅拌站。用料斗将混凝土运输到阳台浇筑工位，开料斗放料进行浇筑，并振捣密实。振捣完成后将模具周边的混凝土清理干净。完成浇筑后，对收光面进行收光，如图 6-23 所示。

⑥ 脱模起吊

将销子拔出后将所有螺母松开。用橡胶锤轻敲端模将其拆除，轻敲侧模致模具与构件分离。将阳台起吊，相关人员对构件进行成品检查，确认无异常情况后堆放于临时堆放区等待转运。

（4）存放与运输

阳台板应放在指定的存放区域，存放区域地面应保证水平。阳台板采用水平放置，层间用木方隔开，层数不超过 2 层。

阳台采用运输架运输，只增加一层运输架。阳台与堆放架之间用垫木，垫木长、宽、高均不宜小于 100mm，最下面一根垫木应通长设置。预制构件在支点处绑扎牢固，防止构件移动，阳台边部或与绳索接触处的混凝土，采用衬垫加以保护。

由于模具采用了新型拼装模式，在取消了侧模上通缝的同时，也改变了模具的拆装方

图 6-22 孔洞预埋件安装

图 6-23 混凝土浇筑

式为竖向拼接，因此旧模具存在的一系列问题迎刃而解；解决了模具组拆难、易胀模、易漏浆、定位不准、周转利用率低等问题。

6.3.2 飘窗

飘窗是市场上大量采用的一种建筑空间布局，为便于采光和提升空间感，通常分窗台顶板和窗台底板两块。在传统现浇施工方法中，相邻两楼层中上楼层的飘窗台底板、上楼层的飘窗台下墙、下楼层的飘窗台顶板、结构梁和楼板一起浇筑；再在同一楼层的飘窗台顶板与飘窗台底板之间安装窗户，即完成了飘窗台的施工。

由于传统施工中飘窗施工较为复杂，伴随着行业的发展，越来越多的项目考虑采用预制飘窗。而在现有的装配式建筑设计中，通常采用整体式飘窗。整体式预制飘窗节点构造中，预制飘窗构件为一体浇筑成型的钢筋混凝土预制构件，其由结构层外墙板、上飘窗板、下飘窗板等三部分组成。首先在工厂制备预制飘窗构件，然后运送至工地现场吊装预制飘窗构件，整个过程像普通墙板构件吊装一样简单。整体式飘窗大样图如图 6-24 所示。

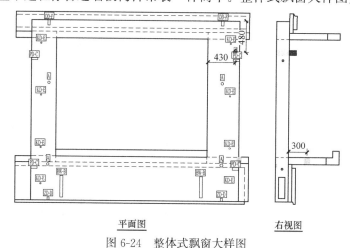

平面图   右视图

图 6-24 整体式飘窗大样图

（1）整体式飘窗

1）模具设计

该方案模具包括结构层外挡边模具、窗框模具、外页板模具、飘窗板吊模等。环筋扣合飘窗墙的结构层外挡边模具主要有上、下、左、右四块边模具；外叶板模具有上、下、左、右四块边模具。为便于拆模，洞口模具被拆分为四个角模以及上下左右的中间模具共8瓣式模具；飘窗板模具为连接在结构层模具上的吊模。结构层模具四面都设有出预留环筋的 U 形槽，保温层四面都有造型线条。模具拼装时先拼装结构层模具和窗模，再安装保温层模具，最后安装飘窗板模具，如图 6-25、图 6-26 所示。

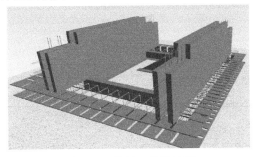

图 6-25　模具三维设计图

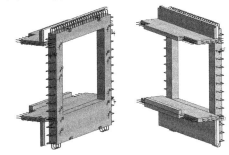

图 6-26　预制飘窗三维设计图

2）工艺流程

飘窗生产时一般先浇筑内叶板混凝土层，再安装保温材料和拉结件，然后浇筑外叶板混凝土，最后浇筑飘窗板混凝土。其工艺流程图如图 6-27 所示：

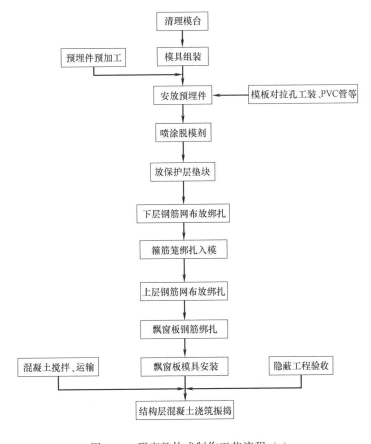

图 6-27　飘窗整体式制作工艺流程（a）

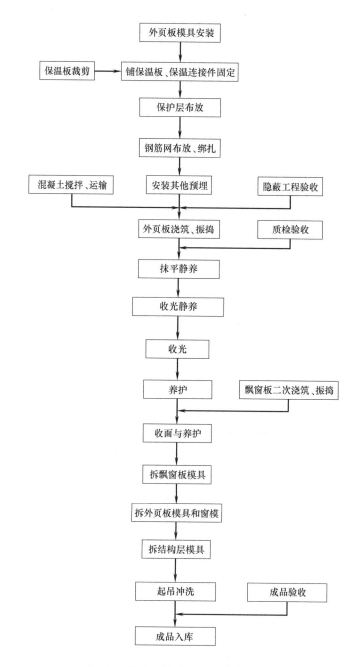

图 6-27　飘窗整体式制作工艺流程（b）

3）生产过程

① 清理模台、模具

飘窗起吊后将模板桌上的模具、磁盒等相关物品拆除，并整齐的摆放在指定位置。将大块混凝土、热熔胶残渣及桌面残留的固态杂物等清除。将模台面残余的灰尘清扫、擦拭干净。用砂纸或打磨机将模台面有锈迹的区域打磨清理，保证模具表面光泽无异物，如图6-28、图 6-29 所示。

图 6-28　飘窗板模具清理

图 6-29　模具清理

② 模具组装

准备好需要组装的模具器具、磁盒以及其他工具等。根据模具组装图纸将各零件拼装，完成后用螺母固定。拼装完成后检查主要尺寸，并微调有偏差的尺寸。将拼好的模具边沿处用磁盒固定，并再次检查主要尺寸，如图 6-30 所示。

图 6-30　模具组装

③ 喷涂隔离剂

均匀喷洒隔离剂，适量即可。先将模台面上的隔离剂涂抹均匀，再将四周边模的内侧以及内叶墙边模的内侧也涂抹上隔离剂。

④ 钢筋布放与绑扎

根据面积放置适当数量的保护层垫块，每根塑料垫块长度 1m，按间距 50cm 均布。根据图纸要求摆放间距、外伸长度等，将横纵向钢筋均匀摆放在保护层上并绑扎。按照图纸要求的间距，将箍筋在指定区域绑扎整齐后入模。若箍筋要求出筋，则直接在模具中将箍筋笼绑扎。所有钢筋摆放完成后开始绑扎，边缘处满扎，中间部分采用梅花点状的方式跳扎，绑扎时确保钢筋间距正确不移位，箍筋笼与横向钢筋交叉点需满扎。按照图纸要求的位置，将上下钢筋网用拉筋连接并绑扎牢固。所有钢筋绑扎完成后，进行隐蔽工程的验收，并填写相应表单，如图 6-31 所示。

⑤ 安放预埋件

根据图纸标注尺寸，标出预埋件位置并安装，完成后对照图纸检查位置尺寸是否一致。对线盒、PVC 管、安装螺母预加工，线盒管口处需安装锁母，PVC 管长度按图纸要求下料。线盒用特定的工装架固定后将 PVC 线管与线盒连接或直接固定在钢筋网片上，如图 6-32 所示。

图 6-31　结构层钢筋绑扎

图 6-32　预埋件安装

⑥ 浇筑混凝土

确认隐蔽工程质检单有质检员签字确认后，将所需方量报于搅拌站。浇筑完成后将分布不均的混凝土摊平并振捣。检查是否有缺料或者多料并及时处理，同时检查预埋是否发生移位等不正常现象，如图 6-33 所示。

⑦ 保温板铺放

预先将保温板裁剪成所需的尺寸。外叶板混凝土浇筑完成后，按图纸要求，将需铺保温板的部分有序铺放上保温板，同时轻压一下。根据图纸中保温连接件的定位尺寸，将保温连接件插入并顺时针拧一圈，使保温连接件插入规定的深度。在保温板上插入适当数量的拉结筋，如图 6-34 所示。

图 6-33　混凝土浇筑

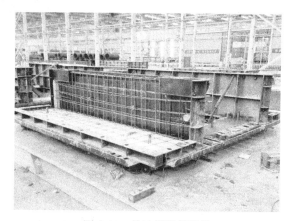

图 6-34　外叶板钢筋绑扎

⑧ 外叶板预埋件安装

根据图纸标注尺寸，标出相应的预埋件位置并安装预埋件，完成后对照图纸检查位置尺寸是否一致。

⑨ 外叶板钢筋绑扎

根据面积放置适当数量的保护层垫块，每根塑料垫块长度 1m，按间距 50cm 均布。按照图纸的要求摆放间距、外伸长度等，将外叶板横纵向钢筋均匀摆放在保护层上并绑扎。

⑩ 外叶板混凝土浇筑与振捣

浇筑人员确认隐蔽工程质检单有质检员签字确认后，将所需方量报于搅拌站。混凝土送入布料机后浇筑并振捣。检查是否有缺料或者多料并及时处理，同时检查预埋是否发生移位等不正常现象。

⑪ 收光工位

浇筑完成后将构件从一侧到另一侧抹平。完成抹平后将构件放于缓冲工位进行静养。观察构件达到初凝状态后，用抹灰刀一次收光。再次静养适当的时间后开始进行二次收光并静养，如图 6-35 所示。

⑫ 飘窗板混凝土浇筑

将混凝土浇筑到飘窗板模具内，按 200～300mm 一层进行分层浇筑。用震动棒进行逐层振捣，振捣时采用小功率振捣，不要过振，防止胀模和底部吊模漏浆，如图 6-36 所示。

图 6-35　混凝土收光与养护

图 6-36　飘窗板浇筑振捣

⑬ 拆模与吊装冲洗

先拆飘窗板模具，然后再依次拆除外叶板模具、窗框模具，如模具无法自然松动，用锤子轻敲至模具脱落，如图 6-37、图 6-38 所示。

图 6-37　飘窗板模具拆除

图 6-38　构件起吊

相关人员对构件进行成品检查，如有问题及时向相关人员反应情况及时解决。将飘窗起吊后运至冲洗池冲洗，如图 6-38、图 6-39 所示。

图 6-39 临时堆放区的飘窗构件

4）飘窗整体式生产存在的问题

经分析，飘窗整体式生产存在以下问题：

① 整体浇筑式飘窗生产中质量问题较多

主要有以下几点：飘窗板模具胀模导致两个飘窗板之间间距变小，不方便后期安装窗户；飘窗板边角处漏浆造成边角蜂窝，飘窗板吊模施工容易漏浆不易振捣导致板面气孔较多；飘窗板与结构层接缝处蜂窝麻面色差较大，个别问题如图 6-42 所示。

图 6-40 质量问题图片

图 6-41 飘窗板拆模

由于质量问题较多导致修补工作量较大。根据测算情况每个构件修补打磨需要花费 0.2 工日。

② 模具成本过高

飘窗模具重量包含三明治墙模具加上飘窗板模具，其中三明治墙模具重约 1.2t，飘窗板模具重约 0.8t，合计 2t。按照模具市场单价 1.35 万/t，一套整体式工艺飘窗模具成本约 27000 元，其中飘窗板模具为 10800 元。

一个构件 1.31m³，一套模具制作 33 块构件，合计 43.23m³。按照飘窗构件市场价约 4000 元/m³，可知模具摊销为：27000÷43.23＝624 元/m³；模具成本占销售价格的比例为：624÷4000＝15.6%。

③ 拆模困难

飘窗板模具拆模时因为左右及上口三侧均有出筋，导致拆模不便；且飘窗板模具拆卸时因飘窗板有企口造型，导致模具拆卸困难，模具变形严重，进而影响构件生产精度，如图 6-41 所示。

④ 工期与生产效率

飘窗构件作为异形构件，由于需要分多次浇筑，模具周转效率低，影响生产效率，供货滞后。第一次浇筑为结构层浇筑，第二次浇筑为外叶板浇筑，第三次浇筑为飘窗板浇筑，生产操作比较麻烦，一个构件生产周期为 2 天。

(2) 工艺改进方案设计

1) 方案设计

为探索预制飘窗高效生产，提高生产效率，降低模具成本，同时提升产品质量，进行了一系列的研究和试验，最终确定了飘窗板分体制作方案，即将预制好的飘窗板部件与结构层部件（含保温）组装浇筑施工。

① 飘窗板设计

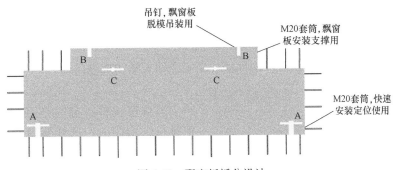

图 6-42 飘窗板拆分设计

飘窗板部件底部两侧距边 100mm 各预埋一个螺栓，顶部两侧距边 500mm 各预埋一个吊钉，另外在窗框一侧预埋两个螺母作为安装斜支撑用，如图 6-42 所示。

因飘窗板的造型比较简单，适合流水线作业，因此可以将飘窗板单独拆分出来在流水线上生产。该方案不仅节省模具成本，飘窗板流水施工也可大大提高生产效率，避免固定线二次浇筑造成的窝工现象。

为避免拼装处渗水，将飘窗板构件加长 1cm，伸入结构现浇层内。飘窗板中增加 2 个安装螺母，该螺母固定在结构层侧边模具上。飘窗板中增加 2 个吊装埋件，用于吊装。飘窗板中增加 2 个斜撑埋件，该埋件在构件安装时将飘窗板固定在窗模上，如图 6-43 所示。

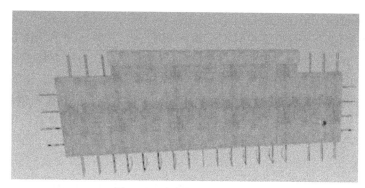

图 6-43 飘窗板三维示意图

② 分体式飘窗板与结构层构件连接

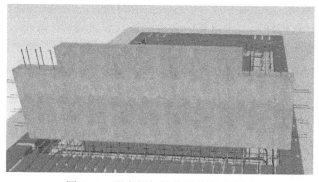

图 6-44 飘窗板与结构层连接示意图

将生产好的飘窗板吊装至拼装好的结构层模具处并使用特制工装固定好后进行统一浇筑。飘窗板与结构层的连接通过在飘窗板预留环形出筋，将梁底筋从环形钢筋内穿过去并绑扎连接，以增强构件连接强度，如图 6-44 所示。

为避免拼装处渗水，将飘窗板构件加长 1cm，伸入结构现浇层内。

③ 分体式飘窗板安装

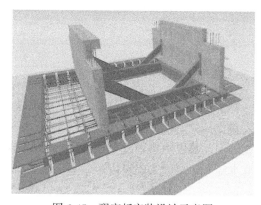

图 6-45 飘窗板安装设计示意图

因飘窗构件拆分时是将飘窗板左右两侧挑出结构层的，这样飘窗板部件安装时可以落在结构层模具上，通过模具支撑来实现飘窗板部件的安装。为达到快速定位效果，飘窗板两侧底部预埋螺栓，并在结构层两侧模具相应位置开螺栓孔，通过螺栓连接实现快速定位。

飘窗板靠近窗框一侧预埋两个斜支撑螺母，通过可调节式支撑杆将飘窗板固定在窗框模具上并进行适当微调定位，如图 6-45 所示。

④ 具体操作流程设计

先预制飘窗板。飘窗板采用特制模具制作，注意模具尺寸增加 1cm。具体流程为飘窗板模具安装、飘窗板钢筋绑扎、飘窗板混凝土浇筑和收光养护，如图6-46～图6-49所示。

拼装结构层模具并绑扎好钢筋（或飘窗板安装完成后再绑扎钢筋）。注意结构层模具须在侧模和窗模相应位置上开连接孔，分别作为安装快速定位螺栓和可调节式斜支撑杆使用，如图6-50、图6-51所示。

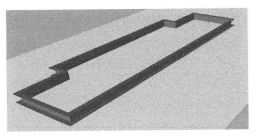

图6-46 飘窗板模具拼装

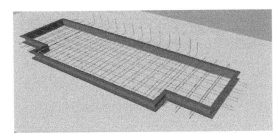

图6-47 飘窗板钢筋绑扎

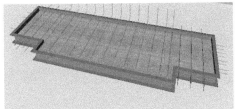

图6-48 飘窗板混凝土浇筑示意图

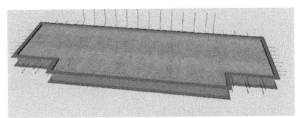

图6-49 飘窗板浇筑制作完成

图6-50 飘窗结构层模具拼装

图6-51 飘窗结构层钢筋绑扎

将预制好的飘窗板安装在结构层上，将窗模具与飘窗板之间的缝隙用玻璃胶封堵防止漏浆，如图6-52、图6-53所示。

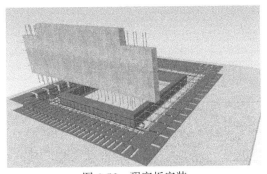

图6-52 飘窗板安装

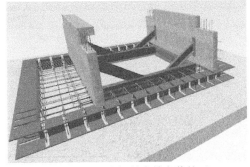

图6-53 飘窗板斜支撑安装校正

经检查无误后浇筑混凝土，混凝土浇筑后表面收平并安装裁剪好的保温板，然后浇筑外叶板混凝土并收光养护，如图6-54～图6-56所示。

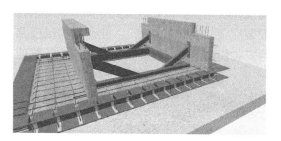

图 6-54　结构层混凝土浇筑

图 6-55　保温板铺设

图 6-56　外叶板混凝土浇筑

2）详细工艺流程如图 6-57 所示

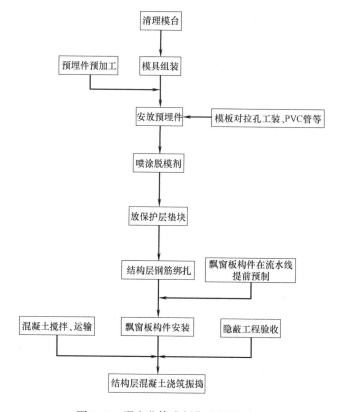

图 6-57　飘窗分体式制作流程图（一）

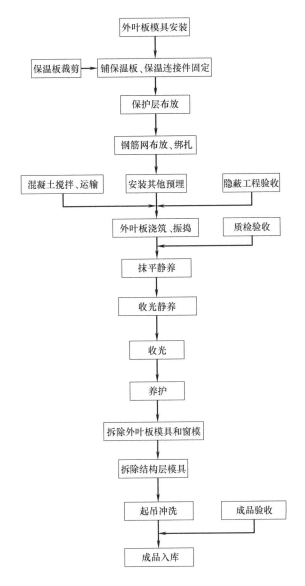

图 6-57 飘窗分体式制作流程图（二）

3）生产过程

① 清理模台

墙板起吊后将模板桌上的模具、磁盒等相关物品拆除，并整齐地摆放在指定位置。

② 模具组装

准备好需要组装的模具器具、磁盒以及其他工具等。根据模具组装图纸拼装，完成后将螺母固定；检查主要尺寸，并微调有偏差的尺寸。将拼好的模具边沿处用磁盒固定，并再次检查主要尺寸。

③ 喷涂隔离剂

均匀喷洒隔离剂，适量即可。将模台面上的隔离剂涂抹均匀，将四周边模的内侧以及内叶墙边模的内侧也涂抹上隔离剂。

④ 飘窗板安装

将预制好的飘窗板转运至固定线专用飘窗板堆放区。飘窗板坐落在两侧模具上，将飘窗板吊装至安装区缓慢放下落至模具上预留的定位螺母上。飘窗板就位后安装可调节式支撑杆，以固定飘窗板。安装完成后检查垂直度和位置尺寸，并微调支撑杆进行调节，如图6-58~图6-61所示。

图 6-58 飘窗板吊装

图 6-59 飘窗板端部搭接

⑤ 结构层钢筋布放与绑扎

根据不同面积放置适当数量的保护层垫块，每根垫块长度1m，按间距50cm均布。按照图纸要求的摆放间距、外伸长度等，将横纵向钢筋均匀摆放在保护层上并绑扎。按照图纸要求的间距，将箍筋在指定区域绑扎整齐后入模。若箍筋要求出筋，则直接在模具中将箍筋笼绑扎，如图6-62所示。所有钢筋摆放完成后开始绑扎，边缘处满扎，中间部分采用梅花点状的方式跳扎，绑扎时确保钢筋间距正确不移位，箍筋笼与横向钢筋交叉点需满扎。按照图纸要求的位置，将上下钢筋网用拉筋连接并绑扎牢固。所有钢筋绑扎完成后，进行隐蔽工程的验收，并填写相应表单，如图6-63所示。

图 6-60 飘窗板安装与调节

图 6-61 飘窗板安装完成效果

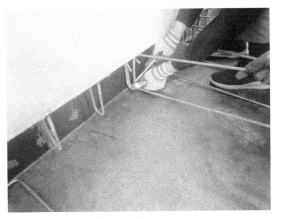

图 6-62 箍筋绑扎

⑥ 安放预埋件

根据图纸标注尺寸，标出预埋件位置并安装，完成后对照图纸检查位置尺寸是否一致。对线盒、PVC 管、安装螺母预加工，线盒管口处需安装锁母，PVC 管长度按图纸要求下料。将安装螺母用螺母直接固定在工装架上，线盒用特定的工装架固定后将 PVC 线管与线盒连接或直接固定在钢筋网片上，如图 6-63、图 6-64所示。

⑦ 结构层混凝土浇筑

图 6-63 窗下梁底筋绑扎

混凝土送入布料机后放料。浇筑完成后对分布不均的混凝土进行摊平。完成放料后进行振捣。检查是否有缺料或者多料并及时处理，同时检查预埋是否发生移位等不正常现象，如图 6-66 所示。

图 6-64　预埋件安装与校准

图 6-65　浇筑前的飘窗构件

图 6-66　结构层混凝土浇筑

⑧ 保温板铺放

预先将保温板裁剪成所需的尺寸。外叶板混凝土浇筑完成后，按图纸要求，将需铺保温板的部分有序铺放上保温板，同时轻压一下。根据图纸中保温连接件的定位尺寸，用手将保温连接件插入并顺时针拧一圈，用锤子轻敲，使保温连接件插入规定的深度。在保温板上插入适当数量的拉结筋。

⑨ 外叶板预埋安装

根据图纸标注尺寸，标出相应的预埋件位置并安装预埋件，完成后对照图纸检查位置尺寸是否一致。

⑩ 外叶板钢筋绑扎

根据不同面积放置适当数量的保护层垫块，每根塑料垫块长度 1m，按间距 50cm 均布。按照图纸要求的摆放间距、外伸长度等，将外叶板横纵向钢筋均匀摆放在保护层上并绑扎，如图 6-67 所示。

⑪ 外叶板混凝土浇筑与振捣

浇筑人员确认隐蔽工程质检单有质检员签字确认后，将所需方量报于搅拌站工作人员。混凝土送入布料机后开始浇筑。浇筑完成后对分布不均的混凝土进行摊平。完成放料后开启振动平台开始振捣。检查是否有缺料或者多料并及时处理，同时检查预埋是否发生移位等不正常现象。

⑫ 收光工位

浇筑完成后用相应的工具将构件从一侧到另一侧抹平，如图 6-68 所示。完成抹平后将构件放于缓冲工位进行静养。构

图 6-67 外叶板钢筋绑扎

件达到初凝状态后，一次收光。再次静养适当的时间后开始进行二次收光并静养，如图 6-69 所示。

图 6-68 混凝土收光

图 6-69 混凝土养护

图 6-70　临时堆放区的飘窗构件

⑬ 拆模与吊装冲洗

将螺丝拧开后进行模具脱模，如模具无法自然松动，用锤子轻敲至模具脱落。相关人员对构件进行成品的检查，如有问题及时向相关人员反应情况及时解决问题。起吊后运至冲洗池冲洗，冲洗后将飘窗放于临时堆放区等待转运，如图 6-70 所示。

4）工艺分析

① 模具成本分析

飘窗分体式制作工艺中三明治墙模具重约 1.2t，飘窗板模具重约 0.15t，合计 1.35t。按照模具市场单价 1.35 万/t，一套分体式工艺飘窗模具成本约 18200 元，其中飘窗板模具为 2000 元。

一个构件 1.31m³，一套模具制作 33 块构件，合计 43.23m³。按照飘窗构件市场价约 4000 元/m³，由此可知模具摊销为：$18200 \div 43.23 = 421$ 元/m³；模具成本占销售价格的比例为：$421 \div 4000 = 10.5\%$。

② 效率工期分析

由于飘窗和飘窗板生产不在同一条生产线，飘窗板和结构层混凝土浇筑可以同步进行，相互不冲突，因此不需要分多次浇筑。综合分析生产一块构件时间只需要 1 天。以森林上郡 1 号地块为例。1 号 2 号 3 号楼 9 套模具，生产完所有构件需要工期：$99/9 \times 3 = 33$ 天；5 号楼 10 套模具，生产完所有构件需要工期：$170/10 = 17$ 天。综合工期 33 天。

③ 质量情况分析

飘窗分体式制作中由于流水线生产的飘窗板工艺简单，方便浇筑生产，质量较高，没有蜂窝麻面、烂根和气孔等现象，飘窗板质量可控，基本不需要修补。

（3）对比分析

1）工期对比

工期分析对比表　　　　　　　　　　表 6-3

生产工艺	楼栋号	预制飘窗总数量（块）	开模数量（套）	工期（天）
整体式制作	1、2、3	297	9	66
	5	170	10	34
分体式制作	1、2、3	297	9	33
	5	170	10	17

综合表 6-3 可知，飘窗整体式制作综合工期 66 天，飘窗分体式制作综合工期 33。飘窗分体式制作比整体式制作工期更短，可节省一半工期。

2）质量对比

综合表 6-4 可知，飘窗整体式制作产品较易出现质量问题，需要人工修补，需花费修补人工费 18680 元。飘窗分体式制作产品质量较好，无需修补。飘窗分体式制作比整体式制作在修补上可节省人工费：$18680 - 0 = 18680$ 元。

质量分析对比表 表 6-4

生产工艺	楼栋号	预制飘窗总数量(块)	开模数量(套)	产品质量	修补人工费(元)
整体式制作	1、2、3	297	9	飘窗板模具胀模导致两个飘窗板之间间距变小,不方便后期窗户安装;飘窗板边角处漏浆造成边角蜂窝,飘窗板吊模施工容易漏浆不好振捣导致板面气孔较多;飘窗板与结构层接缝处蜂窝麻面有色差	18680
	5	170	10		
分体式制作	1、2、3	297	9	表观质量较好,无需修补	0
	5	170	10		

3)经济效益对比

经济效益分析对比表 表 6-5

生产工艺	楼栋号	预制飘窗总数量(块)	开模数量(套)	模具成本
整体式制作	1、2、3	297	9	513000
	5	170	10	
分体式制作	1、2、3	297	9	345800
	5	170	10	

综合表 6-5 可知,飘窗分体式制作比整体式制作可节省模具成本:513000－345800＝167200 元。

(4)防水构造措施

在飘窗板下沿设置滴水线,为防止边角破坏,滴水线采用半圆或三角形钢条作为模具制成,在钢条中线钻出圆形小孔,模台对应位置固定与圆孔相适应的圆杆。在拼装飘窗板模板时,将钢条安装在模台预先留置的圆杆上以固定位置,既节省了钢条的安装时间,又确保了滴水线位置的精准性。在拆除模具时,将飘窗板四周模具拆卸后,用吊具连接构件起吊至堆放架,用工具卡进钢条圆孔,将钢条拆除。滴水线具有装拆方便快捷、质量好、不易破损等特点。

(5)存放与运输

飘窗存放应使用专用存放架,存放架应采用地脚螺栓或焊接等方式固定在地面上。存放时,墙板飘窗上下应垫好橡胶皮,飘窗上方应用专用工装固定好。

飘窗采用专用运输架运输,一层飘窗平放在运输车上,在其上架立运输架,在运输架上再放置一个飘窗。飘窗与运输架之间用垫木,垫木长、宽、高均不宜小于 100mm,一层飘窗设置通长垫木垫起。预制构件在支点处绑扎牢固,防止构件移动,在飘窗的边部或与绳索接触处,采用衬垫加以保护。

综上所述,分体式预制飘窗采用飘窗板单独预制的方式,确保了飘窗板生产质量,降低了模具成本,提高了生产效率;解决了整体式预制飘窗模具精度较低、成本高、周转慢的缺点。

6.3.3 "L"形 PCF 板

在建筑阳角处，为施工方便，通常不采用两端外墙外叶板相互拼接，而是各预留一段，设置"L"形 PCF 板。PCF 板由保护层、保温层和连墙件组成，在安装时，一般采用预埋螺母或预留孔洞方式与结构主体连接固定。连接处混凝土浇筑后，与结构形成整体。存在生产复杂、连接件易损坏、安装精度不足等问题。为解决这些问题，研究了一种新型连接方式与生产工艺。

（1）"L"形 PCF 板工艺设计

1）模具设计

针对"L"形 PCF 板浇筑工序多、吊模质量不易控制和模具用量大的问题，采用两套模具背靠背的方式组模。减少竖向模板，降低组模难度，减少模具用量。在保温板上设置横杆，实现连续浇筑，减少等待混凝土初凝时间，提高生产效率。

2）连接件设计

"L"形 PCF 板采用免拆三段式防水对拉螺栓作为连接件。在构件内预埋带止水环的内丝螺母，保证构件在安装时，通过对拉螺杆与结构主体连接固定牢靠。

生产时，在模具底部对应位置焊接与预埋连接件螺母相适应的六角螺帽。安装预埋件时，将预埋连接件螺母安装在底部模具预先留置的六角螺帽上以固定位置，安装过程方便快捷、定位准确、拆卸简单。在模具侧模对应位置预留相适应的圆孔。安装预埋件时，将螺杆穿入模具圆孔拧入连接件为整体进行固定，定位快速、精确。在拆除模具时，将螺杆拧掉后即可拆卸侧模板。

（2）"L"形 PCF 板生产

1）工艺流程图

预制"L"形 PCF 板工艺流程图如图 6-71 所示：

2）生产工艺

① 清理模具

模具在使用时首先应进行清扫处理，确保模具表面清洁，无锈迹、无污染，模具表面和侧面无锈蚀。

② 组装模具、涂抹隔离剂

根据模具组装图纸拼装模具。拼装完成后，表面雾化喷洒隔离剂并形成一层薄膜。

③ 铺设面层钢筋网

将预先制作完成的面层钢筋骨架吊运至模具内，按照划线位置就位，放置完毕后的钢筋骨架应按设计图复检钢筋位置、直径、间距等。

④ 预埋连接件

将底板连接件安放在预留好的六角螺帽上。侧板连接件通过螺杆连接固定在侧模板上。

⑤ 浇筑面层混凝土

预埋件固定完成后，检查预埋件位置的准确度；不合格的应调整位置，使之满足要求。全部预埋件位置合格后，方可浇筑面层混凝土，强度等级以设计要求为准。

⑥ 铺设保温材料

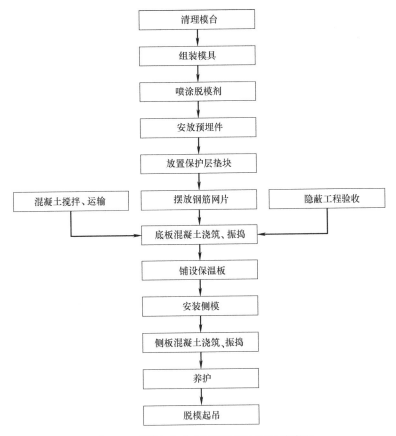

图 6-71 预制"L"形 PCF 板生产工艺流程

混凝土浇筑完毕后应立即将保温材料粘贴于面层混凝土上,并检查是否规整、平齐。

⑦ 安装侧模板

通过螺栓将侧模板连接到竖向模板上;确保侧模板安装准确牢固,模板连接处拼接严密。

⑧ 浇筑竖向混凝土

检查模板连接合格后,开始浇筑竖向混凝土,强度等级以设计要求为准。

⑨ 脱模吊运

螺丝拧开后将模具脱模。相关人员对构件进行成品检查,合格后,吊运至临时堆放区等待转运。

(3) 存放与运输

"L"形 PCF 板水平放置,下部用方木垫起。在其上安装堆放架,使用柔软弹性材料垫在构件下。

"L"形 PCF 板采用专用运输架运输,一层 PCF 板平方在运输车上,在其上架立运输架,再放置构件。PCF 板与运输架之间用垫木,垫木长、宽、高均不宜小于 100mm,一层 PCF 板设置通长垫木垫起。预制构件在支点处绑扎牢固,防止构件移动,在 PCF 板的边部或与绳索接触处,采用衬垫加以保护。

"L"形 PCF 板模具采用了新型拼装模式,在取消了单个侧模的同时,增加横杆防止混凝土胀模,解决了胀模、漏浆、周转利用率低等缺点。"L"形 PCF 板采用免拆三段式防水对拉螺栓作为连接件。板内预埋的螺母不出构件表面,防止在存放和运输过程中的损坏。在安装时,通过连接对拉螺杆,起到了固定 PCF 板的作用。通过预埋的带止水环的内丝螺母,避免在构件上开孔,解决了孔洞不易封堵、防水效果不佳的问题。

6.4 异形构件质量控制

6.4.1 质量控制措施

异形构件在生产过程中由于造型复杂,外形尺寸精度难以控制,且坡角造型比较多,给整个生产过程带来诸多不便。因此在预制构件的加工过程中,需对可能影响其外观质量的控制点进行仔细检查,对有缺陷的构件及时进行处理,通过控制构件的外观质量保证构件的使用性能。

图 6-72 尺寸超差造成安装问题

(1) 外形尺寸超差控制

构件在生产过程中容易出现尺寸超差,尺寸偏差大的构件会导致现场拼装后标高不一致,无法满足拼装要求,影响现场工期,同时维修费用都是相当大的,如图 6-72 所示。

生产过程中从拆模、清模、组(合)模、检尺、模具维护等环节进行把控,可有效控制此问题发生。墙板拆模时消除用"大锤砸"暴力强拆,避免模具变形;模具清理要使用刮板、钢丝刷等清理到位,保证合模尺寸。合模后必须按照标准用钢尺量对角线,及时调整尺寸;混凝土浇筑前一定检查磁盒位置,保证固定到位,浇筑振捣后再次检查尺寸,同时要定期校正模具,确保构件合格。

(2) 构件平整度超差控制

构件在生产过程中出现阴、阳角线处不平整、缺棱掉角,如图 6-73 所示。此类问题在构件生产中较为普遍且不被重视,后期施工单位在装饰工程中,会带来极大的不便,且后期维修成本较高,最好在出厂前做好打磨工作。

定期对周转次数高的模具进行检查、维修,制作工装加强构件阴阳角模具紧固,保证模具尺寸;根据原材料质量合理调整混凝土配比,确保混凝土的各项性能指标。

(3) 拆模作业控制措施

1) 先拆除支架,再拆除埋件、预留孔等定位螺栓。拆模一般先从侧模开始,再拆除其他模具。

2) 出筋处模具拆除,支架拆除后,应先将出筋处的梳子板模具和天沟模具拆除后,再拆除其他模具。

3）为避免损坏构件和模具，拆模前应先观察收水面是否高于模具面，如有应先去除高出部分混凝土再行拆模；拆模需要使用外力时，需垫缓冲材料，且受力点应在模具筋板上。

图 6-73 构件阴、阳角尺寸偏差

6.4.2 质量控制要点

（1）模具组装

模具应安装牢固、尺寸准确、拼缝严密、不漏浆，精度须符合设计要求，在拼装完后需保证不变形，并应符合表 6-6 的规定，并应经全数验收合格后再投入使用。

模具尺寸的允许偏差和检验方法 表 6-6

测定部位		允许偏差(mm)	检验方法
边长	≤6m	1，-2	用钢尺量平行构件高度方向，取其中偏差绝对值较大处
	>6m 且≤12m	2，-4	
	>12m	3，-5	
板厚	墙板	1，-2	用钢尺测量两端或中部，取其中偏差绝对值较大处
	其他构件	2，-4	
翘曲		$L/1500$	对角拉线测量交点间距离值的两倍
底模表面平整度		2	用 2m 靠尺和塞尺检查
侧向弯曲		$L/1500$ 且≤5	拉线，用钢尺量测侧向弯曲最大处
预埋件位置(中心线)		±2	用钢尺量
对角线差		3	用钢尺量纵、横两个方向对角线
侧向扭度	H≤300	1.0	两角用细线固定，钢尺测中心点高度
	H>300	2.0	两角用细线固定，钢尺测中心点高度
组装缝隙		1	用塞片或塞尺量
端模与侧模高低差		1	用钢尺量

（2）预埋件及预留孔洞

预埋件、预留孔和预留洞的尺寸应全数检查，允许偏差应符合表 6-7 的规定。

（3）钢筋摆放

钢筋网和钢筋成品（骨架）安装位置需全数检查，其位置偏差应符合表 6-8 的规定。

预埋件和预留孔洞的允许偏差和检验方法 表 6-7

项目		允许偏差(mm)	检验方法
预埋钢板	中心线位置	3	钢尺检查
	安装平整度	±2	靠尺和塞尺检查
预埋管、预留孔中心线位置		3	钢尺检查
插筋	中心线位置	3	钢尺检查
	外露长度	+5,0	钢尺检查

续表

项目		允许偏差(mm)	检验方法
预埋吊环	中心线位置	3	钢尺检查
	外露长度	+8.0	钢尺检查
预留洞	中心线位置	3	钢尺检查
	尺寸	±3	钢尺检查
预埋螺栓	螺栓位置	2	钢尺检查
	螺栓外露长度	±2	钢尺检查
灌浆套筒	中心线位置	1	钢尺检查
	平整度	±1	钢尺检查

钢筋网和钢筋成品（骨架）尺寸允许偏差和检验方法　　表 6-8

项目			允许偏差(mm)	检验方法
钢筋网	长、宽		±5	钢尺检查
	网眼尺寸		±5	钢尺量连续三档,取最大值
钢筋骨架	长		±5	钢尺检查
	宽、高		±5	钢尺检查
受力钢筋	间距		±5	钢尺量两端、中间各一点,取最大值
	排距		±5	
	保护层	柱、梁	±5	钢尺检查
		板、墙	±3	钢尺检查
钢筋、横向钢筋间距			±5	钢尺量连续三档,取最大值
钢筋弯起点位置			15	钢尺检查

6.5　飘窗安装技术

整体式飘窗与剪力墙外墙的安装流程相同。其工艺流程为：定位锥安装、调平→预制飘窗墙体挂钩、起吊→调至安装面以上1m略微停顿，手扶引导墙体下落→定位锥对孔→墙体落至定位锥上→斜支撑安装→微调墙体控制线→调整墙体垂直度→飘窗下两根独立支撑加设→解钩。

飘窗安装固定时，窗台部分支撑采用安装层下层搭设脚手架支撑方式，如图6-74所示，窗檐部分采用安装层搭设悬挑支架支撑。根据施工图纸，对飘窗控制线及标高进行复核。在上部板底处放置垫块，铺20mm厚水泥砂浆坐浆找平，找平层灰饼标高要控制准确。预制飘窗采用水平吊装，用鸭嘴扣与预埋吊件连接，确认牢固后方可继续缓慢起吊。为了保证预制飘窗准确安装就位，需控制飘窗两端吊索长度，要求飘窗水平降落到楼板上。待飘窗吊装至作业面上1000mm处略作停顿，由专业操作工人稳住预制飘窗，根据墙体水平控制线及控制线缓慢下放。就位时要求缓慢操作，严禁快速猛放，以免造成飘窗振折磕碰损坏。飘窗基本就位后，根据控制线，利用撬棍微调，校正。

图 6-74　飘窗安装

6.6　本章小结

　　针对异形构件模具组装拆卸不易、钢筋绑扎困难、预埋工装复杂及收面难度大等问题，对不同异形构件模具优化研究，在构件模具中实现了快速组模拆模、模具拼装简便、钢筋定位精确，提高了模具刚度、承载力，减少了模具重量。钢筋料架绑扎、成品钢筋笼入模及预埋件工装固定等工艺保证异形预制构件质量和生产效率。

　　从效率方面分析，异形构件模具优化传统模具结构，在保证强度、刚度的同时，提高了构件的尺寸精度，减少蜂窝麻面维修率。阳台模具组装和拆卸的速度加快，生产效率提高 50% 以上。

　　新型异形构件模具结构简单，方便拆装，功效高，适用性强，与传统方法相比，节约资源，降低了生产成本，废旧模具可回收利用，节约了能源消耗，契合国家关于建筑节能工程及绿色环保的有关要求。

图 7-1　起重装备

第7章

预制构件生产机械手应用

CHAPTER 7

预制混凝土构件传统生产方式效率低，能耗大，无法满足结构复杂、强度要求高的部件的生产，难以满足现代化工程建设的要求。根据国外经验，采用现代化生产线方式生产预制混凝土构件可以明显提高生产效率，丰富产品造型，控制产品质量。通过对国外技术的引进、消化、改进和自主创新，国内的预制混凝土构件生产线有了长足进步，形成了具有自主知识产权的生产线，实现了模具的标准化、构件的模块化、设备的自动化等。尤其是机械手的应用，大大提高了预制构件生产的机械化和自动化水平。

7.1　机械手在装配式建筑行业的应用

预制装配式混凝土建筑因其符合绿色建筑要求，便于工业化生产建造和信息化管理的特点，近年在我国得到大力发展。而实现工业化预制构件制造是提高装配式建筑质量和效率的核心，其中通过提高制造加工现场预制构件数字化技术抓取并运送部品到目标位置，实现钢筋部品或预埋件的精确布放和定位；最终将钢筋、预埋件定位控制技术优化集成，形成针对预制构件的高精度生产设备和智能生产线是实现工业加工的关键。但目前预制构件加工主要采用传统起重吊装设备和人工作业，施工效率低，人员安全隐患大，如图7-1所示。

机械手是机器人的执行系统，由执行机构、驱动机构和控制机构三部分组成，是抓取工件、进行操作及各种运动的机械部件，如图7-2所示。

（1）执行机构

包括手部、手腕、手臂和立柱等部件，有的还增设行走机构。

1）手部

手部装在操作机手腕的前端，是操作机直接执行工作的装置。由于与物件接触的形式

110

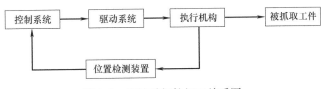

图 7-2　机械手部件相互关系图

不同，可分为夹持式和吸附式手部。夹持式手部由手指（或手爪）和传力机构构成。手指是与物件直接接触的构件，常用的手指运动形式有回转型和平移型。回转型手指结构简单，制造容易，故应用较广泛。平移型应用较少，其原因是结构比较复杂，但平移型手指夹持圆形零件时，工件直径变化不影响其轴心的位置，因此适宜夹持直径变化范围大的工件。

手指结构取决于被抓取物件的表面形状、被抓部位（是外廓或是内孔）和物件的重量及尺寸等。常用的指形有平面、V 形面和曲面三种形式；手指有外夹式和内撑式；指数有双指式、多指式和双手双指式等。而传力机构则通过手指产生夹紧力来完成夹放物件的任务。传力机构型式较多，常用的有：滑槽杠杆式、连杆杠杆式、斜面杠杆式、齿轮齿条式、丝杠螺母弹簧式和重力式等。

吸附式手部主要由吸盘等构成，它是靠吸附力（如吸盘内形成负压或产生电磁力）吸附物件，相应的吸附式手部有负压吸盘和电磁盘两类。对于轻小片状零件、光滑薄板材料等，通常用负压吸盘吸料。造成负压的方式有气流负压式和真空泵式，对于导磁性的环类和带孔的盘类零件，以及有网孔状的板料等，通常用电磁吸盘吸料。电磁吸盘的吸力由直流电磁铁和交流电磁铁产生。

用负压吸盘和电磁吸盘吸料，其吸盘的形状、数量、吸附力大小，根据被吸附的物件形状、尺寸和重量大小而定。此外，根据特殊需要，手部还有勺式（如浇铸机械手的浇包部分）、托式（如冷齿轮机床上下料机械手的手部）等型式。

2）手腕

是连接手部和手臂的部件，并可用来调整手部和被抓取物件的方位。

3）手臂

手臂是支承被抓物件、手部、手腕的重要部件。手臂的作用是带动手指去抓取物件，并按预定要求将其搬运到指定的位置。

机械手的手臂通常由驱动手臂运动的部件（如油缸、气缸、齿轮齿条机构、连杆机构、螺旋机构和凸轮机构等）与驱动源（如液压、气压或电机等）相配合，以实现手臂的各种运动。手臂在进行伸缩或升降运动时，为了防止绕其轴线的转动，都需要有导向装置，以保证手臂按正确方向运动。此外，导向装置还能承担手臂所受的弯曲力矩和扭转力矩以及手臂回转运动时在启动、制动瞬间产生的惯性力矩，使运动部件受力状态简单。常用的导向装置结构形式有：单圆柱、双圆柱、四圆柱和 V 形槽、燕尾槽等导向型式。

4）立柱

立柱是支承手臂的部件，也可以是手臂的一部分，手臂的回转运动和升降（或俯仰）运动均与立柱有密切的联系。机械手的立柱通常为固定不动的；但因工作需要，有时也可作横向移动，即称为可移式立柱。

5）机座

机座是机械手的基础部分，机械手执行机构的各部件和驱动系统均安装于机座上，故起支撑和连接的作用。

（2）驱动系统

驱动系统是驱动机械手执行机构运动的动力装置，通常由动力源、控制调节装置和辅助装置组成。常用的驱动系统有液压传动、气压传动、电力传动和机械传动。机械手控制可以使用 PC 上位机、专用控制器或可编程控制器。机械手工作通常分为连续工作和点动工作，这要求系统根据实际要求，设置控制参数和相应程序的准备。根据控制要求，还可以加入传感器等反馈组件，形成伺服工作系统，完成更准确可靠的运行任务。

7.2 生产线机械手的总体布局

预制混凝土构件生产线机械手最大的难题是生产环节的协调，而解决预制混凝土构件生产线各生产环节协调的问题，就是要解决生产线物流系统协调的问题。统筹考虑预制混凝土构件各个生产环节所需时间条件，合理设计生产线物流系统，充分协调各生产设备，能极大地提高预制混凝土构件生产线整体自动化水平，如图 7-3 所示。

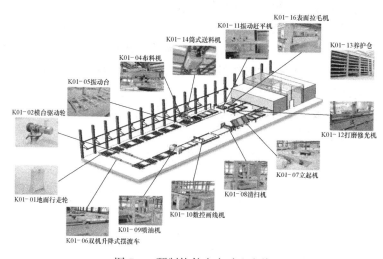

图 7-3　预制构件全自动生产线

7.3 模具划线机

7.3.1 模具划线机设计

1. 运动功能设计

1）坐标系的选取

预制混凝土构件划线机的总体坐标系采用直角坐标系，沿 X、Y、Z 轴的直线运动分别用 X、Y、Z 来表示。沿三个方向运动的部件中，取运动部件局部坐标系与总体坐标系一致。划线机机架纵向两侧分别安装有导轨，机架用地脚螺栓固定于地面，横梁沿导轨纵向运动，纵向导轨为 X 轴。横梁上固定有横向移动的导轨，横向导轨为 Y 轴；划线装置垂直方向的运动依靠垂直布置的滑轨导向，垂直滑轨为 Z 轴。

2）运动功能式的建立

用 W 表示预制混凝土构件模板，f 表示进给运动，T 表示划线喷笔。X_f 表示 X 轴的进给运动，Y_f 表示沿 Y 轴的进给运动，Z_f 表示沿 Z 方向的进给运动。则得到构件模具划线机的运动功能式为：

W/X_f，Y_f，Z_f/T。

3）运动功能图的建立

用运动功能图来表达运动功能式，作为结构设计的依据。根据运动功能式可知划线机运动功能图如图 7-4 所示。

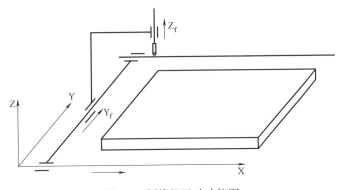

图 7-4　划线机运动功能图

2. 结构布局设计

1）运动功能分配设计

由于预制混凝土构件模板是由滚轮架线输送到指定的工位，其运动独立于预制混凝土构件划线机的运动，X_f、Y_f、Z_f 三个走形运动即可完成模具划线的走形，所以划线工作是由划线各运动部件完成，工件模板不参与划线走形。于是，得到运动功能分配式为：

$W/ \cdot X_f$，Y_f，Z_f/T，

其中"·"右侧表示由划线机各运动部件完成的进给运动。左侧表示由工件（模板）完成的动作，工件不参与走形运动，故采用上式表示。

2）结构布局

根据模具划线机的工作方式和特点，确定划线机的布局形式为立式布局。其中，用于安装导轨的机架采用立柱式。图 7-5 为划线机的布局形态图。

3. 结构组成

模具划线机总体分为四大部分，即：机架、X 向移动部分、Y 向移动部分和 Z 向移动部分，总装效果图如图 7-6 所示。

1）机架。机架主要由导轨支撑梁、导轨、连接横梁和立柱组成。主体部分尺寸是根据构件模板的尺寸确定的。导轨支撑梁、横梁以及立柱由型材焊接而成，装有齿条的导轨通过导轨扣件固定在导轨支撑梁上。

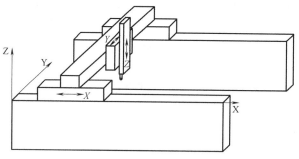

图 7-5　划线机布局形态图

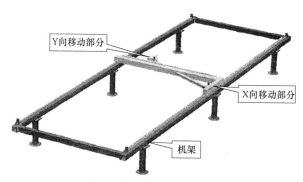

图 7-6　划线机总装效果图

2）X 向移动部分。X 向移动部分按照功能及结构组成可划分为：横梁、加强梁、主动轮驱动部分、从动轮滚动部分、导向部分。尺寸由机架而定，主体结构由型材焊接组件装配而成；如图 7-7 所示。

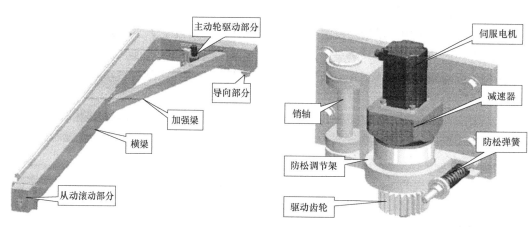

图 7-7　X 向移动部分

图 7-8　主动轮驱动部分

横梁和加强梁由矩形方钢连接而成，通过螺栓同主动驱动部分和从动滚动部分进行连接。主动驱动部分安装有伺服电机和减速器，减速器端装有主动齿轮，主动齿轮同装在导轨上的齿条相啮合。伺服电机运转后带动减速器以及减速器端的主动齿轮转动，从而带动驱动部分的两个滚轮纵向滚动，实现纵向的移动。从动滚动部分主要由从动滚轮和滚轮安装架组成，起到支撑横梁和从动运动的作用。如图 7-8 所示为主动轮驱动部分组成结构图。

　　3）Y 向移动部分。Y 向移动部分由伺服电动机组件、减速器、伺服电动机安装板、双轴心导轨副以及齿轮齿条副组成，并通过两个双轴心导轨副安装在 X 向移动部分的支撑横梁上如图 7-9 所示。电机安装板上的伺服电动机根据获得的脉冲信号通过驱动齿轮齿条副实现横向运动，从而带动安装在其上的划线装置进行横向的移动。

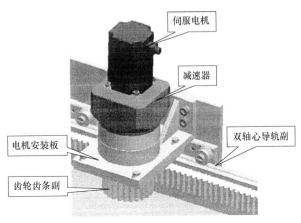

图 7-9　Y 向移动部分

　　4）Z 向移动部分。Z 向移动部分安装在 Y 向移动部分上。Z 方向的垂直运动用于根据生产要求调整划线机喷笔与预制混凝土构件模板之间的垂直距离，从而使划线达到最佳效果。Z 方向运动的动力来源于自带减速器的伺服电动机，电动机通过丝杠螺母副将运动传递给垂直运动的机械结构。伺服电动机的控制信号由安装在垂直运动机械结构上的电容高度调节器发出。

4. 划线装置结构

　　划线装置的设计难点在于：涂料通常具有一定的黏性，外购的标准化体内部结构细致且精度较高，涂料容易浸入阀芯，不易清理，影响使用效果；而且停机也会使涂料固化而使划线喷笔不能使用。另外，用于划线的模板要反复使用，要求所划的线条必须易于清除，以便模板反复使用。考虑以上因素，应采用水溶性且易于清除的涂料。为了保证划线的质量以及线条尺寸精度，划出的线条粗细要合理。经过在模板上进行试验，在外力较大的情况下，涂料喷射速率较大；同时，涂料也在冲击力的作用下使得线条向周围散开，线条的宽度大，不符合要求。在控制出口速率一定情况下，调节喷笔与模板之间的距离可以改变线条的粗细，距离越大，线条越粗。为解决上述问题，利用气体喷射的虹吸作用设计了一种气液体的划线装置，划线喷笔同时接导气管和涂料管，当气体流经涂料入口时，涂料由于虹吸作用经涂料管喷向模板，从而完成划线功能。

　　划线装置安装在 Z 向移动机构上，包括：涂料盒、电磁阀、进气管、涂料管、电容高度调节器、喷笔。喷笔与模具之间距离的控制由电容高度控制器来完成。电容高度控制器是一种利用传感环和工件之间的电容量来控制划线机喷笔与模板距离的调高器。在划线过程中，保持喷笔与模板之间距离不变是保证划线质量的重要条件。电容高度控制器能够根据设定的喷笔高度，在构件模板的工作路径上连续不断地调整高度，从而保证喷笔到模板的高度保持恒定，进而保证划线的质量。划线装置组件如图 7-10 所示。

7.3.2　划线精度影响因素

　　数控模具划线机划线精度的影响因素主要有：机械结构系统误差、电气部分控制精度、关键部件刚度及工作载荷对设备产生的变形。

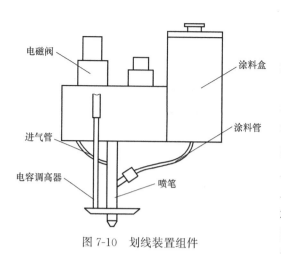

图 7-10 划线装置组件

（1）机械结构

设备 X 方向和 Y 方向的插补运动是通过齿轮齿条传动实现的，齿轮与齿条之间的啮合间隙会影响运动部件的运动精度和定位精度。为了保证齿轮与齿条啮合紧密，特设计了一种消除齿轮齿条啮合间隙的装置，安装在模具划线机 X 向移动部件上。该装置一端用销轴铰接到移动部件上，另一端为浮动端，用弹簧和螺栓螺母组件固定，旋紧螺母，齿轮与齿条啮合，同时弹簧压缩产生预紧作用。这种可调装置也能够缓解由于两条钢轨的平行度误差

导致的齿轮和齿条啮合过紧或过松的问题。

（2）电气控制设备

设备 X 方向和 Y 方向的移动通过伺服电机驱动的齿轮齿条传动副实现，可以保证构件长宽以及其他形状的划线精度。Z 方向的高度控制采用高精度的电容高度控制器实现划线装置与模板的距离控制。用于控制伺服电机等设备的信号线要用专用的带铜网的屏蔽线，防止环境电磁场的干扰造成不必要的误差。横向移动及纵向移动部分在必要位置加装限位开关，以控制设备的运行范围。

（3）关键部件载荷作用的影响

X 向移动部分横梁长度较长，且驱动力来自一侧的伺服电机；横梁移动时，由于从动部分远离驱动部分而易产生变形。所以设备运动时的刚度会对划线精度产生影响。根据受力情况，应用软件对横梁进行有限元分析得出横梁受力的变形情况以及应力、应变是否符合要求。设备自重对横梁的影响平面内，横梁可以简化为一个驱动部分端固定、从动部分端自由的简支梁。

7.3.3 生产应用

1. 功能

主要用于在模台上快速而准确画出边模、预埋件等位置，提高放置边模、预埋件的准确性和速度，如图 7-11、图 7-12 所示。

2. 组成

主要由机械传动系统、控制系统、伺服驱动系统、划线系统及集中操作系统等 6 大部分组成。

1）纵向行走系统

采用步进电机驱动齿轮齿条，运动更平稳、位置控制更精确，双电机驱动。

2）横向行走系统

采用步进电机驱动齿轮齿条，运动更平稳、位置控制更精确，单电机驱动。

3）数控系统

中英文操作界面转换，动态图形显示，采用 U 盘读取程序和软件及时升级。

图 7-11　划线机械手

图 7-12　划线机行走系统

4）升降机构

采用步进电机驱动丝杠，运动更平稳、位置控制更精确，单电机驱动，如图 7-13 所示。

图 7-13　划线机升降机构

5）划线专用泵

电机驱动，为划线头提供原料和动力，如图 7-14 所示。

图 7-14　划线机专用泵

6）线装置

采用专用划线针嘴，微型气缸控制线段的起停，如图 7-15 和图 7-16 所示。

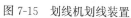

图 7-15　划线机划线装置

图 7-16　划线机控制装置

3. 特点

模具划线机的行走部分为桥式结构，采用双边伺服电机驱动，运行稳定，工作效率高。

装有自动画笔系统，能自动调整画笔与模台的距离。通过人机集中操控界面，可实现各种复杂图形一键操作。

适用于各种规格的通用模板、叠合板、墙板底模的划线。

配有 USB 接口，通过自带的自动编程软件，可对各种图形根据实际需求进行计算机预先处理，通过外接 U 盘传递，实现图形的精准定位。

适用于各种规格的模板、叠合板、墙板模台的划线作业。系统可在手动、自动划线两套操作系统之间快速转换，便于灵活的补线及快速操作。

4. 主要技术参数，主要技术参数（普通型）如下，划线机实体如图 7-17 所示

图 7-17　划线机

轨距：	5.0m
轨长：	11m
最大划线速度（可调）：	1.5～9m/min
最大划线长度：	11000mm
最大划线宽度：	4000mm
划线精度：	±1.5mm
线条宽度：	$2mm \leqslant H \leqslant 4mm$
画笔升降高度：	150mm

5. 操作步骤

1）准备好支模所需的器具，磁性边模、磁盒等。

2）确认基准点，根据拼版图将相关数据导入机械手控制系统后，机械手根据数据开始自动划线；根据划线进行支模，并将磁盒下压固定。

主要功能：划线机械手可以根据预编好的指令，划出模具、预埋件等安装线，以便工人正确可靠地安装模板和预埋件等，如图 7-18 所示。

图 7-18 划线机定点

7.4 保温连接件放置机械手

保温板需要开孔安装销状的保温连接件，目前主要由人工完成。首先在保温板上画上横竖相交的多条线，两条线的交点处代表需要打孔的位置，然后由人工依次在各个交点处打孔，再将保温连接件插装在孔内。此过程工序较多，耗费时间较长，工作效率低，而且一般需要 2~3 人配合完成，占用人力，且劳动量大；人工打孔的位置精度和孔洞的精度均不高，容易产生较大的偏差，影响施工质量。

随着制造业自动化程度的提高，机械手在工业生产中得到越来越广泛的应用。保温连接件放置机械手是机械手在混凝土预制构件行业的另一个重要应用，该设备主要是代替人工将保温连接件精确地摆放至指定位置并固定，因为机械手的机身紧凑轻巧使其能够在避绕障碍物和跟踪路径时始终保持高加速度，从而实现工作时超快的运行速度来提高产能与效率。此设备的研发和使用有效解决了人工放置连接件时对墙板造成的污染问题，提高了连接件放置的效率和精度，从而大大增加了外墙板的生产效率和产能。

7.4.1 结构组成及原理

机械手结构组成如图 7-19 所示，整体采用龙门式结构，主要包括 X 轴桁架、Y 轴大梁、Z 轴升降臂和集成执行爪等。机械手具有 4 个自由度，即纵向 X 轴移动、横向 Y 轴移动、竖直 Z 轴移动以及绕 Z 轴的转动（C 轴运动）。X 轴、Y 轴、Z 轴的移动采用伺服电机驱动齿轮在齿条上运动来实现，由直线导轨导向，保证运动的直线度；C 轴的旋转运动采用伺服电机驱动齿轮组。

外墙保温板与混凝土之间连接件的放置主要包括保温板打孔、连接件放置两个动作。

1. 保温板打孔

保温板打孔是为后续连接件的放置做铺垫，伺服机构根据外墙板图纸中给出的坐标点进行 X 轴桁架和 Y 轴大梁的移动，将打孔机构定位到保温板待打孔位置的上方。打孔气缸伸出，电机起动，通过控制伺服模组动作，使打孔动力头缓慢旋转插入保温板内；由于钻孔轴为中空结构，置于中空轴内的多余物料在打孔完成后，由顶出气缸将废料推入废料收集箱内。具体结构如图 7-20 所示。

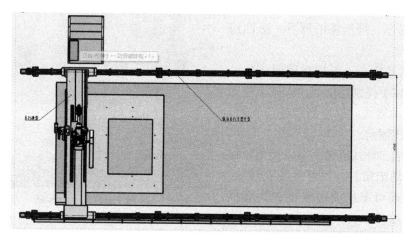

图 7-19　机械手结构示意图

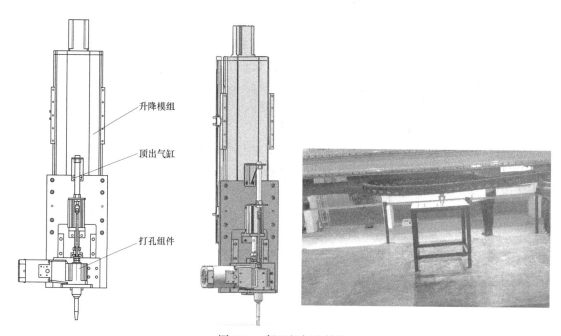

升降模组

顶出气缸

打孔组件

图 7-20　保温板打孔结构

2. 连接件放置

连接件将混凝土预制板与保温板连接在一起，其放置机构由六轴机器人加气爪和辅助上料机构两部分组成。机器人通过末端气爪从上料滑道上抓取连接件按照设定程序将其插入到保温板预先打好的指定深度完成连接件的放置动作，如图 7-21 所示。为了使连接件与预制混凝土板连接可靠，经过多次调整最终设计了多次开合气爪和将连接件插入混凝土后旋转 90°两个方案。

3. 辅助上料机构

此结构起到连接件暂时存储的作用。整体采用滑道式设计可以同时存放 80 件以上连接件供机器人抓取，这种设计可以减少上料频次，提高工作效率。底座设计可实现滑道位

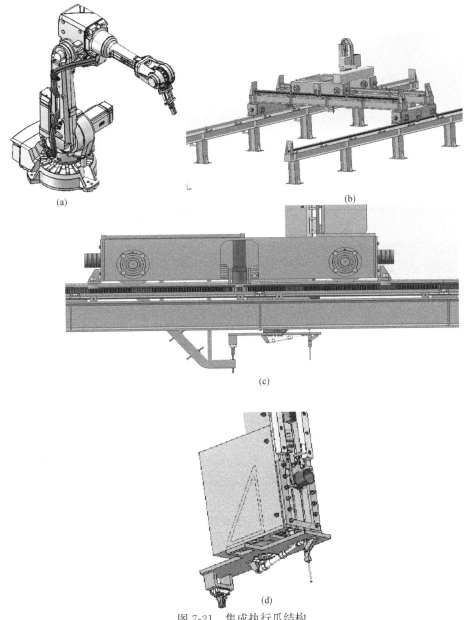

图 7-21 集成执行爪结构
（a）整体结构；（b）机架；（c）机架；（d）打孔装置

置的微调，方便机械手臂的坐标选点。该结构可确保每个连接件在滑到上料机构的最下端被夹爪抓取之前是竖直的，具体结构如图 7-22 所示。

系统中的部分动作依靠气缸来实现，气缸传动具有运动迅速、反应快、调节方便的特点，同时对工作环境的适应性也很好，可以在尘埃多、有振动的场合进行工作。气缸传动空气来源方便，用后直接排出，无污染。

4. 设备安装和控制

设备在生产现场的安装和布局如图 7-23 所示。

将设备安装在生产线的保温板安装工位后，打孔时采用相对坐标值。之所以采用相对

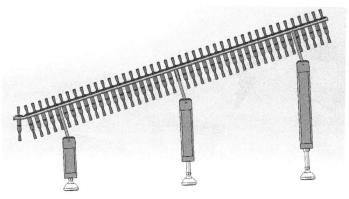

图 7-22　辅助上料结构

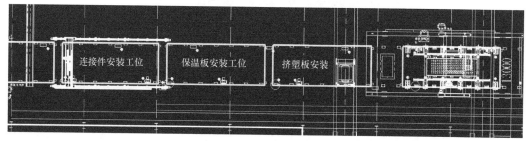

图 7-23　设备布局

坐标值是因为模台上边模是人工摆放，具有很大的随机性和不固定性。控制方式是将生产线输送的模台定位，将模台一角作为原点，然后现场技术人员提供摆放后边模相对模台的偏移坐标，将此坐标输入到控制软件中，可导入数据，通过 PLC 内部逻辑计算，即可确定每次钻孔位置，即外墙板上连接件的位置，然后打孔动力头、插件机械手按此坐标完成作业。

设备精度参数 表 7-1

类别	有效走行距离（mm）	最大走行速度（mm/s）	定位精度（mm）
大车走行	10500	450	±0.5
打孔轴横向走行	3500	260	±0.1
打孔轴升降	300	330	±0.05
机器人横向走行	1800	260	±0.1
打孔轴转速	360r/min		
机器人定位精度	重复定位精度±0.05mm，重复路径精度±0.13mm		
生产效率	打孔效率 20 秒/件，插件效率 16 秒/件		

为了提高混凝土预制构件生产效率，以一体化控制器为控制核心，采用开放式数控系统的结构形式，设计了四轴置模机械手的控制系统。分析了机械手的结构与功能，在此基础上设计了控制系统的硬件组成，实现了伺服电机的闭环控制，根据机械手工作流程的特点，完成控制器的软件编写。该控制系统具有性能稳定、控制精度高、操作简单、可靠性高、使用维护方便，易于实现机电一体化等优点，能满足置模需求，符合工业应用要求。

7.4.2　工作流程

机械手工作流程如图7-24所示。开关旋转到开机状态，系统接通电源，电源指示灯亮，此时系统开始进入初始化，各传感器部件进行自检，各气缸处于缩回状态，启动伺服驱动器，机械手回到设定的机械原点。系统在初始化判断完成后，进入等待运行模式，控制器显示欢迎界面。此时若点击触摸屏中下方的手动键，画面切换到手动控制界面，系统进入手动控制模式；若按下控制面板上的启动键或按下触摸屏中自动运行键，画面切换到自动运行界面，系统进入到自动运行模式，自动运行的工作流程如图7-24所示。

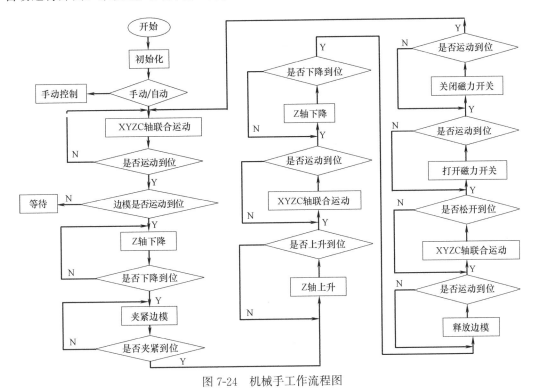

图7-24　机械手工作流程图

（1）机械手从机械原点出发，四轴联合运动，使集成执行爪到达边模输送带的上方，等待边模运送到位信号。

（2）接收到边模运送到位信号后，机械手沿Z轴下降指定距离，卡爪气缸伸出，驱动卡爪夹紧边模，传感器检测到夹紧到位后，等待2s，保证卡爪完全夹紧。然后机械手沿Z轴上升一定的距离，防止机械手在下一步的运行过程中，边模与传送带等其他设备发生碰撞。

（3）集成执行爪运动到边模摆放位置的上方，同时调整好边模摆放的角度后，沿Z轴下降到距边模上方一定的距离，缓冲气缸伸出，驱动边模继续沿Z轴下降到模台上。若此时模台的精度与实际设计有一定的误差，则缓冲气缸可将此误差吸收，保证了系统的安全性。

（4）传感器检测到缓冲气缸伸出到位后，卡爪气缸收缩，卡爪松开，释放边模。X轴、Y轴联合运动将集成执行爪移动到边模的一侧插销位置上方，压销气缸伸出，压下磁性边模的磁铁插销,传感器检测到伸出到位后,压销气缸缩回,重复压销动作,将边模两侧的插销压下,完成边模完全固定。

(5)集成执行爪回到边模输送带的上方,等待下一个边模的运送到位,循环进行下一个边模的摆放。

机械手在运动的过程中,按下复位按键,机械手自动回到设定的原点位置,合上急停开关系统断电,整个系统停止工作;只有松开急停开关后,整个系统才可以开始工作,增加了整个设备的安全性。

7.4.3 生产应用

该机械手布设在预制外墙板保温连接件布置的工位上,高出工位 2m 左右,一分钟可安装 2 个预埋件,可以达到节约人工、提高连接件安装精度和安装效率的效果,如图 7-25 所示。

图 7-25 机械手的生产应用

7.5 焊接机械手

随着工业自动化水平的逐渐提高,越来越多的手工焊接领域逐渐被焊接机械手所取代。使用机械手进行焊接,不仅可以减少人工劳动成本,而且还可以提高焊接的效率和质量。

7.5.1 机构设计

焊接机械手的机构设计主要是根据设计要求解决机械手机构的构型、关节、自由度数目及配置方式等问题。机械手可看作是一个开式运动链，它是由一系列连杆通过转动或移动关节联结形成的。为了研究确定机械手运动，则必须先在每个连杆上固接一个坐标系，然后通过各个坐标系之间的关系来描述各连杆的位置。机械手-变位机系统的协同运动建模主要是其正、逆运动学的求解问题，可以通过 D-H 法建立其运动学方程。

（1）刚体位姿描述及坐标变换

机械手是一个机械系统，是整个机器人系统的机械运动部分。而分析一个机械系统，必须要先研究其坐标系，对于像机械手这样一个复杂的机械系统，为了研究和确定其各个杆件以及各个关节之间的关系，必须要先定义并描述各自的坐标系，这些坐标系主要包括大地坐标系、基坐标系、工件坐标系和工具坐标系等，如图 7-26、图 7-27 所示。

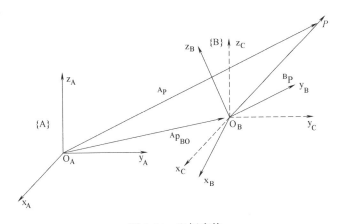

图 7-26 坐标变换

（2）自由度分析

相应的机械手具有三个自由度，即手臂的伸长、缩短和整体旋转。

（3）机械手手部结构方案设计

为了使机械手的通用性更强，把机械手的手部结构设计成可更换结构，当工件是棒料时，使用夹持式手部；当工件是板料时，使用气流负压式吸盘。

（4）机械手手腕结构方案设计

考虑到机械手的通用性，同时由于被抓取工件是水平放置，因此手腕必须设有回转运动才可满足工作的要求。因此，手腕设计成回转结构，实现手腕回转运动的机构为回转气缸。

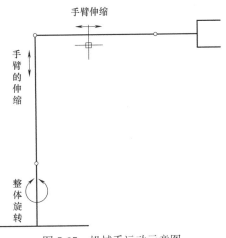

图 7-27 机械手运动示意图

（5）机械手臂结构方案设计

按照抓取工件的要求，机械手的手臂有三个自由度，即手臂的伸缩、左右回转和升降

（或俯仰）运动。手臂的回转和升降运动通过立柱实现，立柱的横向移动即为手臂的横移，手臂的各种运动由气缸实现。

（6）机械手驱动方案设计

驱动机构是机械手的重要组成部分，机械手的性价比在很大程度上取决于驱动方案及其装置。根据动力源的不同，机械手的驱动机构大致可分为液压、气动、电动和机械驱动等四类。采用液压机构驱动的机械手，结构简单、尺寸紧凑、重量轻、控制方便，驱动力大等优点。因此，焊接机械手的驱动方案选择液压驱动。

（7）机械手控制方案设计

考虑到机械手的通用性，同时使用点位控制，因此采用可编程序控制器（PLC）对机械手进行控制。当机械手的动作流程改变时，只需改变 PLC 程序即可实现，方便快捷。

（8）机械手主要参数

1）主参数：机械手的最大抓重是其规格的主参数。目前机械手最大抓重以 10kg 左右的为数最多；故焊接机械手主参数定为 10kg，高速动作时抓重减半；使用吸盘式手部时可吸附 5kg 的重物。

2）基本参数：运动速度是机械手主要的基本参数。操作节拍对机械手速度提出了要求，设计速度过低限制其使用范围。而影响机械手动作快慢的主要因素是手臂伸缩的速度。

焊接机械手最大移动速度设计为 1.2m/s，最大回转速度设计为 1200°/s，平均移动速度为 1m/s，平均回转速度为 900°/s。

除了运动速度以外，手臂设计的基本参数还有伸缩行程和工作半径。大部分机械手设计成相当于人工坐着或站着且略有走动操作的空间。过大的伸缩行程和工作半径，必然带来偏重力矩增大而刚性降低，在这种情况下宜采用自动传送装置。根据统计和比较，焊接机械手手臂的伸缩行程定为 600mm，最大工作半径约为 1500mm，手臂安装前后可调 200mm，手臂回转行程范围定为 2400mm（应大于 180mm 否则需安装多只手臂）；又由于该机械手设计成手臂安装范围可调，从而扩大了它的使用范围。手臂升降行程定为 150mm。

定位精度也是基本参数之一，焊接机械手的定位精度为 $\pm(0.5\sim1)$mm。

7.5.2　构型设计

机械手的本体结构主要由四个部分所构成，分别为机械手底座（也叫机械手基座）、机械手机身（即连接底座的身体部位）、机械手臂部、机械手的手腕和手部。实际上，前面所有的构件都是为手部末端作业动作服务的。其中，手腕具有旋转功能，这样就可以带动手部在空间内实现自由旋转，从而改变手部到指定的空间作业方向来满足机械手多样化的作业。手臂和手腕的配合会使作业空间范围变得开阔，这两个构件的整体功能可以决定机械手的手部操作能力及操作范围。常见的通用机械手一般具有六个自由度，当然也有低于六个或者高于六个自由度的机械手。例如 KUKA 机器人在控制柜的电源控制器和伺服控制器上各自多加了三个接口，这样一台控制柜就可以实现空间十二个自由度的机器人系统工作站的作业任务。当然，六个自由度基本可以实现机械手在空间内的任意位置和姿态。其中，前三个自由度起引导作用，引导末端到达指定位置，后三个自由度起到决定末端执行器方向的作用。在这六个自由度中，决定机械手姿态的三个自由度必须都是转动关节，而决定机械手位置的三个自由度既可以为转动关节也可以为移动关节。

焊接机械手在设计时要求结构尽可能简单、工作范围大及动作要绝对灵活并且能够适应狭小空间作业等。此外，焊接机械手还要求能够实现焊接作业时所要求的空间任意位置和姿态。

（1）机械手臂的构型方案

机械手臂在机械手构型中很重要，因为手部在空间可达到的位置主要是靠机械手臂与手腕联合作用实现。转动关节和移动关节这两种构型都可以决定机械手位置的三个自由度。转动副表示成 R，移动副表示成 S，这样机械手臂转动关节与移动关节的组合情况有以下 8 中情况，分别为：3S、SSR、SRS、RSS、SRR、RSR、RRS、3R。通常情况下，机械手有如下四种基本手臂结构类型，如图 7-28 所示：

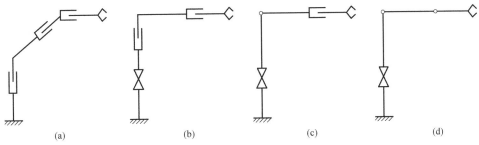

图 7-28　机械手的四种手臂结构形式
(a) 3S；(b) RSS；(c) RRS；(d) 3R

1）直角坐标型：这种结构形式的机械手由 3 个移动关节组成，即包含 3 个移动自由度，分别为沿着 X 轴方向的纵向移动、沿着 Y 轴方向的横向移动以及沿着 Z 轴方向的升降运动，这三个方向的自由度决定了手部的空间位置。这种直角坐标型机械手的优点是只有单一方向的直线运动控制、无相互间的耦合、位置精度相对较高；其缺点是本体结构较大、占用面积较大、灵活性不足、运动范围小、协调性差。如果该类型机械手应用于阀门阀体密封面等的焊接，其灵活性是达不到的，因为焊接位置处在狭小空间，要求机械手足够灵活；而且运动范围也达不到要求，焊接机械手要求同时做到两工位的焊接任务，故此类型机械手不满足要求。

2）柱面坐标型：柱面坐标型机械手主要由垂直方向柱、水平机械手臂和底座组成。从自由度上来说，它由两个移动自由度和一个转动自由度组成。水平机械手臂安装在垂直方向的柱子上，它既能够自由伸缩也能够沿柱子上下运动。垂直柱安装在底座上，它和机械手臂组成的整体部件能够在底座上移动。柱面坐标里机械手的优点为运动控制简单且能较好的躲避障碍，但缺点是机械手的本体结构相对较大，也不能很好地实现与其他装备协调工作。此类型机械手也不能满足特殊要求的焊接任务，因为其要求机械手工作时要与变位机相协调从而达到焊枪与工作面时刻保持垂直的目的，故柱面坐标型机械手不能满足要求。

3）极坐标型：极坐标型机械手是由一个移动关节和两个转动关节配置而成，也就是说包括一个移动自由度和两个转动自由度。该类型机械手臂的运动包括：绕极坐标系的中心轴的旋转、绕着与两个轴垂直的水平 Y 轴的上下摆动以及沿着 X 轴的自由伸缩。该类型机械手的特点为：结构较紧凑、重量轻、占用面积较小、位置精度水平中等；但其存在平衡与避障能力弱、臂展越长位置误差越大等问题，也不能够满足阀门阀体焊接要求，而预制构件生产所需的机械手需要在狭小的阀体内部焊接时有很强的避障能力，不然很容易与阀体发生碰撞等问题，故该类型机械手也不能够满足要求。

4）关节型：关节型机械手由三个关节组成，包括三个转动自由度。该机械手与人的手臂构造十分类似，主要由底座（或躯干）、上臂和前臂构成。在上臂和前臂之间的关节称为肘关节，而在上臂和躯干之间的关节称为肩关节。机械手在水平面上的旋转运动，既可以由肩关节旋转完成，也可以由整个部件绕机械手底座旋转完成，动作包括大臂绕肩关节的旋转和俯仰以及小臂绕肘关节的摆动。这种类型机械手优点为：结构紧凑、运动范围大、灵活性好、避障能力强；缺点是精度较低、稳定性也略低。但关节型机械手避障能力强、活动范围大、结构紧凑且灵活性好，与预制构件生产所要求设计的阀门阀体密封面焊接机械手十分契合，而且其精度和稳定性方面可以在控制方面加以改进，达到生产要求。

综上所述，预制构件生产选择采用 3R 关节型机械手。焊接机械手为六自由度六关节型机械手，且六个关节都为转动关节。

（2）关节驱动方式

气压驱动、液压驱动和电动驱动是机械手驱动的三种主要方式。目前，电动驱动是应用最多的一种驱动方式，因为这种驱动方式效率高、控制精确、反应灵活。电动驱动方式又可分为步进电机驱动、直流伺服电机驱动、交流伺服电机驱动和无刷伺服电机驱动等。其中交流伺服电机驱动是应用最多的一种方式，因为其具有价格便宜、动作反应快、控制十分精确及惯性小等优点。综上分析，焊接机械手的驱动动力采用交流伺服电动机。

7.5.3 控制方案设计

焊接机械手在焊接作业过程中，需要针对狭小空间内的微小圆环形焊缝进行焊接作业。这种焊接对机械手控制系统的精度、速度、实时性以及可靠性等要求非常高，这就要求伺服控制系统的现场总线传输速率必须相当快，且总线接口的实时性也要相当好。所以为了实现控制目标，要进行合适的控制系统方案设计。

（1）控制系统总体方案

系统硬件主要由变位机、控制卡、驱动器、控制器以及机械手本体等组成。系统运动规划由变位机控制器和机械手控制器共同完成，系统采用工控机来实现，其作为控制器的核心，一方面通过运动控制卡和伺服驱动器控制变位机电机运转，另一方面通过串口和 I/O 口与机械手交互，完成系统示教和焊接作业。而变位机控制器同时又控制变位机使得变位机夹持的工件焊缝与机械手焊枪时刻保持贴合，实现机械手-变位机协同焊接。具体系统硬件架构如图 7-29 所示。

（2）运动伺服控制系统

运动伺服控制系统中的功能模块和人体的器官工作原理相似，电机是把电能转化成机械能的机械装置，和人体的肌肉组织相似，控制机体的运动。功率放大器可以把小电流或小电压信号放大成能驱动伺服电机工作的大电流或大电压信号，用于输出驱动伺服电机运

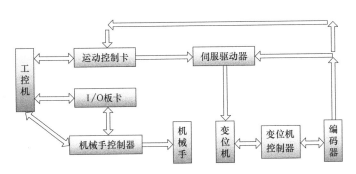

图 7-29　系统硬件架构

转的电流或电压信号，相当于人体的一些神经元信号放大器。伺服运动控制算法是实现高精度焊接的关键部分，其主要是由运动控制卡中的 DSP（数字信号处理 Digital Signal Processing）完成相应的算法控制，以实现对伺服电机的位移、速度、加速度控制，进而实现合成轨迹实现焊接的精度要求。

位置伺服控制系统主要目标是控制运动系统迅速跟踪上位机发出的坐标指令，并且能快速响应坐标指令的变化。其有两个主要指标：稳态位置跟随误差、定位精度与速度控制范围。稳态位置跟随误差主要反映对响应输入信号趋于的实际系统位置与指令预设的位置之间的误差。定位精度相当于对单位脉冲所能移动的位移量的大小。当指令脉冲量的绝对值较小时，伺服电机将不会发生转动；当指令脉冲量的绝对值达到指令数值时，伺服电动机将进入最高的稳定转速；值越小，系统的低速运动性能越好。

运动控制伺服控制算法包含的控制方法很多，且在伺服电机中已有广泛的应用。针对不同的控制系统，主要有以下常见的控制方法：转差频率控制、直接转矩控制、矢量控制、经典 PID（比例积分微分：Proportion Integration Differentiation）控制算法、自适应 PID 最优控制、前瞻控制算法、智能控制中的模糊控制、神经网络元控制。由于经典 PID 伺服控制方法能够简单方便地获得稳定、无超调的位置控制和良好的定位精度，被广泛应用于传统的伺服控制系统中。但是经典 PID 控制算法无法消除或减小稳态跟踪误差进而影响进给运动轨迹的加工精度。所以有必要采取把经典 PID 控制算法和新型的控制算法结合形成复合控制的算法。比如，在系统闭环反馈控制系统的结构中，加入一个基于高阶微分的前馈补偿值，进而实现系统的较小误差的稳态跟随。

（3）控制方案确定

阀门焊接机械手要实现焊接作业任务，就必须与变位机控制完美协调，实现协同焊接。因此焊接机械手系统也是由机械手、变位机和各自的控制器等组成。为了使机械手与变位机配合更加协调，添加了基于工控机设计的变位机控制器，让变位机有一个单独的控制器而不是由机械手控制器的外部轴来操控变位机。这个变位机有 CPU，串口及 I/O 口，这样变位机控制器就可以通过其接口实现与机械手控制器交互，从而在焊接过程中控制变位机使其与机械手协调配合。整个机械手系统主要由机械手、机械手控制器、变位机和变位机控制器组成。焊接机械手共有六个轴，对每个轴都要求能够做到位置控制精确，通过反馈来检测调节输入量，所以需要对其进行全闭环控制，具体系统框图如图 7-30 所示。

上位机已完成轨迹规划情况下将脉冲传送给 PID 控制器，其与传感器反馈过来的信

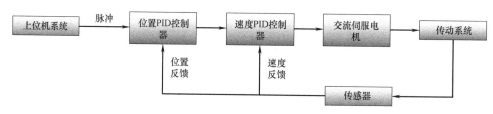

图 7-30 控制系统框图

号相比较再整合后生成速度或位置信号，进而作用于后面的交流伺服电机，最后通过机械手自身的传动系统将信号传送给作用对象。

7.5.4 生产应用

（1）总体布置设计

总体布置是结构布局的细化，需要具体确定零件之间的相对位置及联系尺寸、运动和动力传递方式及其主要技术参数，并绘制总体布置图。

总体布置的基本要求包括：

1）保证工艺过程的连续和流畅

通常机械系统工作的工艺过程包含多项作业工序，保证工艺过程的连续和流畅是总体布置的最基本要求。

2）降低质心高度、减小偏置

任何机械都应能平衡、稳定地工作，如果机械的质心过高或者偏置过大，则可能因扰力矩增大而造成倾倒或加剧振动。

3）保证精度、刚度，提高抗振性及热稳定性

对于加工设备来说，为了保证被加工工件的精度及所需的性能指标，总体布置时必须充分考虑精度、刚度、抗振性及热稳定性。

4）充分考虑产品系列化和发展

设计机械产品时不仅要注意解决当前存在的问题，还应考虑今后进行产品系列化设计的可能性及产品更新换代的适应性。

5）结构紧凑，层次分明

紧凑的结构不仅可以节省空间，减少零部件，便于安装调试，还会带来良好的造型条件和生产效率。

6）操作、维修、调整方便

为改善操作者的劳动条件，减少操作失误，力求操作方便舒适。

7）外形美观

机械产品投入市场后给人们的第一直觉印象是外观造型和色彩，它是机械功能、结构、工艺、材料和外观形象的综合表现，是科学性，艺术性与实用性的结合。

（2）总体主要参数确定

总体设计的尺寸参数主要是指影响机械性能的一些重要尺寸，如总轮廓尺寸（总长、总宽、总高）、特性尺寸（加工范围、中心高度）、主要运动零部件的工作行程，以及表示主要零部件之间位置关系的安装连接尺寸等。

焊接机械手的总装图如图 7-31～图 7-33 所示。

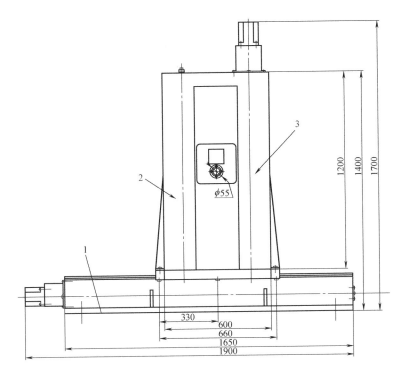

图 7-31　直角坐标焊接机械手主视图
1—底座；2—大臂；3—小臂

确定的尺寸参数应符合《优先数和优先数系》GB 321 的规定，对有互换性和系列化要求的主要尺寸（如安装、连接尺寸、配合尺寸，决定产品系列的公称尺寸等）及其他结构尺寸，符合《标准尺寸》GB 2822 的规定，优先按 R10、R20、R40 的顺序选用标准尺寸，如需将值圆整，按 Ra5、Ra10、Ra20、Ra40 的顺序选取标准尺寸。

焊接机械手总体轮廓尺寸（即图中的总长、总高和总宽），根据总体技术要求的工作范围确定，加工范围为长 1.5m，宽 1m，高 0.8m，同时最大体积须满足长×宽×高小于等于 2m×2m×3m。在满足焊接机器人的工作范围的同时能满足最大体积要求以及国标中对于尺寸参数的规定要求，焊接机器人的尺寸参数定为：

总长为 1900mm

总宽为 1200mm

总高为 1700mm

特性尺寸的确定：根据总体技术要求的工作范围，其加工范围就是此焊接机器人的特性尺寸：

X 轴方向工作行程：1500mm

Y 轴方向工作行程：1000mm

Z 轴方向工作行程：800mm

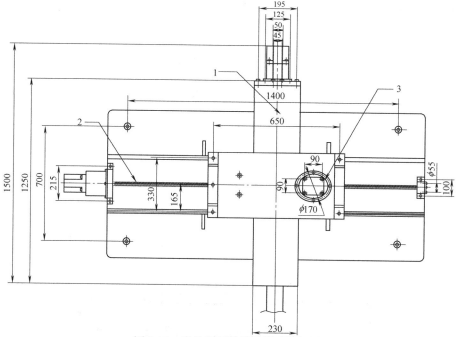

图 7-32　直角坐标焊接机械手俯视图
1—底座；2—大臂；3—小臂

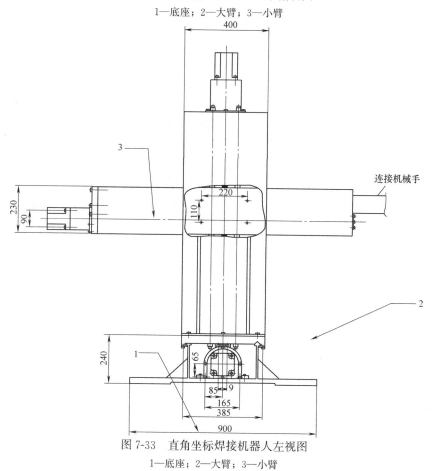

连接机械手

图 7-33　直角坐标焊接机器人左视图
1—底座；2—大臂；3—小臂

因为焊接机器人每个轴的运动都是靠电机带动丝杠运动的，故为了满足总体技术要求中的工作范围，每个运动轴的丝杠两端都留有 20mm 到 40mm 的余量。该焊接机器人的小臂在伸出与收缩的时候会产生一定的偏心距，为了在运动的过程中能够平稳，小臂与大臂在小臂的中间固定，这种固定方式还能有效减小小臂在运动过程产生的偏心距。另外，为了使机械能够平稳、可靠地运动，整个机构的质心不能过高，但是此机构的质心会随着大臂带动小臂的上升和下降有一定的改变。平均来说，该焊接机器人在一般状态下的中心高度为 700mm，处于整机高度的一半位置以下，能保证机械的运动平稳和可靠。

安装连接尺寸的确定：为了使焊接机器人能够稳定、可靠的运行，其各部分的安装连接是相当重要的，安装连接尺寸可以分为底座和地面的连接、底座和大臂的连接、大臂与小臂的连接等三部分。

首先，是底座与地面的连接部分，从上面焊接机械手的俯视图可以较清晰地看见，在底座上，底座和地面的连接是通过底座上面四个角的 4 个地脚螺栓与地面连接的，它确保了此直角坐标焊接机器人能够牢固地连接在地面上。

其次，是底座和大臂的连接部分，从上面焊接机械手的俯视图可以很清晰地看见，在底座的工作台上，底座和大臂外壳的连接是通过大臂外壳左右两边各 3 个螺钉连接的，确保了焊接机器人的大臂能够牢固地与底座的工作台相连接，当底座工作台移动时，大臂能够可靠的随其移动。

最后，是大臂与小臂的连接部分，从上面焊接机械手的左视图可以很清晰地看见，左视图中局部剖视的部分表示了大臂与小臂的连接，从图上可以看出大臂与小臂是通过 8 个（正、反面）螺栓连接的，而且是在小臂的中间位置，保证了小臂可以稳定地进行伸缩运动。

各部分零部件的连接安装尺寸如上所述，各部分都可靠得进行了连接，确保焊接机器人能正常工作。

（3）运动参数确定

机械的运动参数一般是指机械执行构件的转速（或者移动速度）及调速范围等，比如机床等加工机械主轴、工作台、刀架的运动速度，移动机械的行驶速度，连续作业的生产节拍等。

执行机构的工作速度一般应该根据作业对象的工艺过程要求、工作条件及生产率等因素确定。一般而言，执行构件的工作速度越高，则生产率越高，经济效益越好，但同时也会使工作机构及系统的振动、噪声、温度、能耗等指标上升，零部件的制造安装精度及润滑、密封等要求亦随之提高。适宜的工作速度应综合考虑上述影响因素由分析计算或者经验确定，必要时由实验确定。

对于焊接机械手而言，工作台（X 轴）、大臂（Z 轴）、小臂（Y 轴）的移动速度就是焊枪的焊接速度，也就是焊接机械手的运动参数。表 7-2 是一般性用于弧焊的焊接机器人和用于点焊的焊接机器人的运动参数。

弧焊机器人和点焊机器人运动参数

表 7-2

焊接种类	焊接速度	轨迹定位精度
弧焊	5～50mm/s	＋(0.2～0.5)mm
点焊	0.3～0.4s 移动 30～50mm	＋0.25mm

根据上表所示的不同焊接种类的一般焊机的运动参数，此焊接机器人的底座、大臂和小臂的工作时移动速度选定在 120mm/min，也就是 20mm/s，是一般弧焊机器人焊接时速度的中等水平，适合一般弧焊，而快进时的移动速度 0.3m/s，减少总体的辅助时间，由于焊接机器人主要用于弧焊，因此，轨迹定位精度取 0.5mm，符合规定。

（4）动力参数确定

动力参数一般是指机械系统的动力源参数，如电动机、液压马达、内燃机的功率及其机械特性。动力参数是机械中各零部件进行承载能力计算以确定其尺寸参数的依据。动力参数确定恰当与否，既影响机械系统工作性能，也影响其经济性。

此焊接机器人 X、Y、Z 三个方向的运动轴全是靠步进电机带动的，故确定动力源参数就是确定选择步进电机所需要的一些参数指标，在确定和选择系统的动力源时，了解系统的等效负载转矩和等效转动惯量是很有意义的，下面就系统的等效负载转矩和等效转动惯量进行计算。

X 轴方向的等效负载转矩及等效转动惯量：

1）等效负载转矩

焊接时，由于被焊接的工件不是直接安装在此焊接机器上的，所以这里计算的底座等效负载转矩是大臂与小臂所引起的正压力在滚珠丝杠副运动时的摩擦转矩，等效负载转矩公式：

$$T_L = \frac{\mu M g P}{2\pi \eta i} = \frac{0.05 \times 400 \times 10 \times 0.006}{2\pi \times 0.93 \times 1} = 0.2 \text{N} \cdot \text{m} \tag{7-1}$$

μ 为丝杠与丝杠螺母之间的摩擦系数；

M 为焊接机器人大臂与小臂质量和，此处 $M=400$kg；

g 为重力加速度；

P 为滚珠丝杠的导程，取 $P=6$mm；

η 为滚珠丝杠副的传动效率，取 $\eta=0.93$；

i 为传动比，此处是由于滚珠丝杠是直接由步进电机拖动的，故取 $i=1$。

2）等效转动惯量

① 滚珠丝杠转动惯量：

$$J_s = \frac{\pi d_0^4 l \rho}{32} = \frac{3.14 \times (0.025)^4 \times 1.6 \times 7.85 \times 10^3}{32} = 4.81 \times 10^{-4} \text{ kg} \cdot \text{m}^2 \tag{7-2}$$

d_0 为滚珠丝杠的直径；

l 为丝杠的长度；

ρ 为材料的密度。

② 工作台转动惯量：

$$J_w = M \left(\frac{P}{2\pi}\right)^2 = 400 \times \left(\frac{0.006}{2 \times 3.14}\right)^2 = 3.65 \times 10^{-4} \text{kg} \cdot \text{m}^2 \tag{7-3}$$

M 为焊接机器人大臂与小臂质量和，此处 $M=400$kg；

P 为滚珠丝杠的导程，取 $P=6$mm。

③ 折算到电动机轴上的等效转动惯量：

$$J_1 = \frac{J_s + J_w}{i^2} = 4.81 \times 10^{-4} + 3.65 \times 10^{-4} = 8.46 \times 10^{-4} \text{kg} \cdot \text{m}^2 \tag{7-4}$$

Z轴方向的等效负载转矩及等效转动惯量：

1）等效负载转矩

$$T_L=\frac{G_{小臂}\cdot P}{2\pi\eta i}=\frac{1500\times0.006}{2\pi\times0.93\times1}=1.5\text{N}\cdot\text{m} \tag{7-5}$$

$G_{小臂}$为焊接机器人小臂所受的重力（由于大臂在 Z 轴方向提升和下降小臂，故大臂的滚珠丝杠受的轴向力为小臂的重力），小臂的重力为 $G_{小臂}=1500\text{N}$；

P 为滚珠丝杠的导程，取 $P=6\text{mm}$；

η 为滚珠丝杠副的传动效率，取 $\eta=0.93$；

i 为传动比，由于滚珠丝杠直接由步进电机拖动，故取 $i=1$。

2）等效转动惯量

① 滚珠丝杠转动惯量：

$$J_s=\frac{\pi d_0^4 l\rho}{32}=\frac{3.14\times(0.025)^4\times0.9\times7.85\times10^3}{32}=2.71\times10^{-4}\text{kg}\cdot\text{m}^2 \tag{7-6}$$

② 小臂转动惯量：

$$J_w=M\left(\frac{P}{2\pi}\right)^2=150\times\left(\frac{0.006}{2\times3.14}\right)^2=1.37\times10^{-4}\text{kg}\cdot\text{m}^2 \tag{7-7}$$

③ 折算到电动机轴上的等效转动惯量：

$$J_1=\frac{J_s+J_w}{i^2}=2.71\times10^{-4}+1.37\times10^{-4}=4.08\times10^{-4}\text{kg}\cdot\text{m}^2 \tag{7-8}$$

Y 轴方向的等效负载转矩及等效转动惯量：

1）等效负载转矩

$$T_L=\frac{\mu MgP}{2\pi\eta i}=\frac{0.05\times75\times10\times0.006}{2\pi\times0.93\times1}=0.04\text{N}\cdot\text{m} \tag{7-9}$$

2）等效转动惯量

① 滚珠丝杠转动惯量：

$$J_s=\frac{\pi d_0^4 l\rho}{32}=\frac{3.14\times(0.025)^4\times1.1\times7.85\times10^3}{32}=3.31\times10^{-4}\text{kg}\cdot\text{m}^2 \tag{7-10}$$

② 小臂伸出杆转动惯量：

$$J_w=M\left(\frac{P}{2\pi}\right)^2=75\times\left(\frac{0.006}{2\times3.14}\right)^2=0.69\times10^{-4}\text{kg}\cdot\text{m}^2 \tag{7-11}$$

③ 折算到电动机轴上的等效转动惯量：

$$J_1=\frac{J_s+J_w}{i^2}=3.31\times10^{-4}+0.69\times10^{-4}=4\times10^{-4}\text{kg}\cdot\text{m}^2 \tag{7-12}$$

从计算结果可以看出焊接机械手各轴的等效负载转矩呈现底座中等、大臂最大、小臂最小；这是由于大臂是竖直的，小臂的重力全由丝杠承受而导致。不过，上述计算出的等效负载转矩的值均适合现在市场上大部分步进电机的参数，不会造成步进电机选择上的困难。此外，系统的等效转动惯量较小，可提高驱动系统的固有频率，减少动力消耗，提高系统的稳定性和响应速度。

7.6　本章小结

本章通过对市场现有机械手调研，根据市场需求研制了模具划线机、预制外墙保温连接件放置机械手和焊接机械手，取得了以下效果（图 7-34）：

图 7-34　焊接机器人的生产应用

（1）模具划线机实现了现有墙板生产时边界尺寸及预埋件位置的准确设定，可显著提高构件预制生产的效率。

（2）预制外墙保温连接件机械手在墙板预制时放置预埋件的工序使用，有效解决了人工放置预埋件的效率低，位置不精确的难题。

（3）焊接机械手使得焊接质量趋于稳定，显著提高了焊接质量，提高了焊接的效率，降低了操作技术对工人素质的要求。

第8章

大型模台生产精度控制技术

　　模台是混凝土预制构件生产的载体和平台，是一种由钢板焊接而成且带磨光成形的金属框架结构。模台的尺寸及荷载由混凝土预制构件的尺寸和类型及设备设计理念决定。从启动到混凝土预制构件的起吊，模台在流水线上流转于不同的工作站，先后完成清扫、划线、预埋、喷油、配筋、浇筑、养护等工序。

　　预制构件生产线可用于生产内墙、外墙、叠合板、阳台、楼梯、梁柱等建筑构件。采用工业流水线的方式，以标准化、工业化、技术化为基础，自动化生产，大幅提高建筑质量，从根本上改变了传统建造生产方式对资源的大量消耗及对环境的破坏，同时大大提高了生产效率、减轻了劳动强度。保温材料装饰面也可同时制作完成，更方便、更省时、更美观。

8.1　大型模台的生产及精度控制

8.1.1　大型模台的选择

　　市场上常见的模台有大模台和小模台两种，大模台的尺寸一般为 12m×3.5m 和 12m×4m 两种，小模台的尺寸一般为 9m×3.5m 和 9m×4m 两种。

　　构件工厂对模台的选择主要取决于订单，为了提高流水节拍，同时适应住宅建筑以外的例如写字楼、公寓以及大型公建等更多产品类型构件的生产，大多数厂家都会选择使用 12m 的大型模台。

8.1.2　大型模台的设计

　　（1）模台整体设计图

　　大型模台是由整块大钢板作为面板和底部工字钢支撑龙骨框架焊接而成且带磨光成形的金属框架结构。模台整体设计如图 8-1、图 8-2

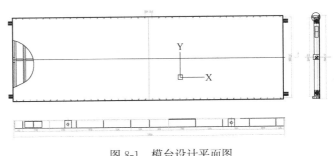

图 8-1　模台设计平面图

所示。

图 8-2　模台设计三维图

（2）模台设计细部构造

1）模台边角部位龙骨架长度方向由挡边槽钢焊接而成，宽度方向由挡边钢板加工字钢拼焊而成，如图 8-3～图 8-5 所示。

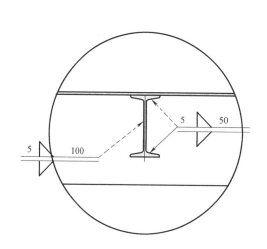

图 8-3　工字钢与钢板焊接细部构造

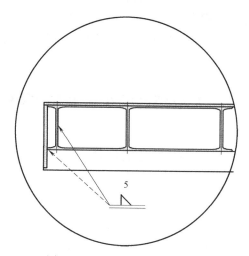

图 8-4　挡边钢板焊接细部构造

2）为保证设备和人员安全，模台两端设计有橡胶防撞块，主要起缓冲作用，如图 8-6 所示。

3）两侧边分别设计两个吊装工装孔，如图 8-7 所示。

4）模台两侧设置有模具连接孔，主要起连接和固定模台的作用，如图 8-8 所示。

8.1.3　大型模台制作要求

1. 材料要求

大模台面板、小模台面板和型钢要根据需求选择合适的材料，如图 8-9 所示。

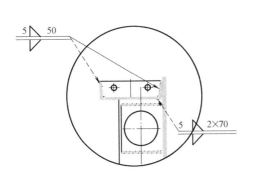

图 8-5　挡边槽钢细部构造

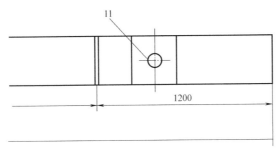

图 8-6　橡胶防撞块

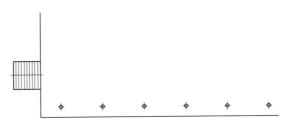

图 8-7　吊装工装孔

图 8-8　模具连接孔

图 8-9　大型模台的制作加工

2. 油漆要求

目前，底漆采用可焊接环氧树脂防锈漆，中间漆采用环氧树防锈漆，面漆采用丙烯酸防锈油漆，如图 8-10 所示。

图 8-10　大型模台的油漆喷涂

3. 下料要求

激光切割，材料喷丸。

4. 工艺质量要求

制造后的大模台面板宽度 3500±2mm，长度 12000±2mm，模台表面平整度±2mm/12m。制造后的小模台面板宽度 3500±2mm，长度 9000±2mm，模台表面平整度±2mm/9m。模台表面上，不能有划痕、不平整擦伤等损伤缺陷；模台表面每 3m 范围要求平面度 1.5mm 以内；面板对角线误差±3mm；焊接均匀、美观、牢固，焊点长度不小于 30×5mm，间距不大于 150mm。

最终产品的各项公差在图纸要求内，参照《平面度误差检测》GB/T 11337 标准，采用间接测量水平仪法，网格布点形式，用水平仪测量大模台 3500mm×12000mm 的平面度、小模台 3500mm×9000mm 的平面度。

8.2　大型模台的生产应用

8.2.1　固定模台生产线

1. 固定模台线运转原理

固定模台是一块平整度较高的钢结构平台，现阶段用于混凝土预制构件生产中的模台本体大多数是由焊接成一体的多个槽钢以及台面板构成。作为混凝土预制构件的底模，在其上固定构件侧模，组合成完整的模具。固定模台生产工艺的模具是固定不动的，作业人员和钢筋、混凝土等材料在各个模台间"流动"。绑扎或焊接好的钢筋用吊车送到各个固定模台处，混凝土用送料车或送料吊斗送到模台处，通过帐篷覆盖到各个模台并在帐篷内开启热风机进行养护，混凝土预制构件就地养护达到强度，然后构件脱模，再用吊车送到存放区，如图 8-11～图 8-13 所示。

2. 固定模台的安装

固定模台，包括水平放置的模台本体，模台本体的底部固设有多个支撑腿，支撑腿安置于地面上，支撑腿沿着模台本体的长度方向间隔均匀分布于模台本体的两侧，两侧位置的支撑腿对称布置，如图 8-14 所示。

3. 生产设备

固定模台生产线车间采用模具固定、作业设备移动的生产方式。固定模台生产线车间的主要设备包括固定模台、桥式起重机、提吊式布料机、混凝土运料小车和成品运输车、移动式养护帐篷房等。

图 8-11　大型模台的吊装

图 8-12　大型模台的运输　　　　　　　　　图 8-13　固定模台车间

8.2.2　流水生产线

1. 流水线运转原理

流水线模台主要通过由摆渡车、支撑、驱动轮及控制系统等组成的输送滚道系统进行模台的安装固定和生产运转。其中摆渡车是用于线端模台的横移，支撑、驱动轮及控制系统用于整条生产线的空模周转平台及带制品周转平台的运输，如图 8-15 所示。

图 8-14　固定模台生产线布置

（1）流水线模台安装精度的保证措施

流水线大型模台安装在支撑滚轮上，为保证安装精度和模台承载力，需进行以下处理措施：支撑滚轮高度可调，保证滚轮高度一致，模台运行无磕碰不颠簸。

滚轮间距≤1.8m，模台支撑点多不变形；支撑轮＋模台高度≤0.76m，符合人体工程学原理，布筋、装模操作方便。摩擦驱动轮采用特种橡胶和天然橡胶合炼而成，具有极高的摩擦力和耐磨度，经过充分论证和试验，对碳含量进行调节，增加了弹性、韧性，提高了使用寿命。支撑轮经锻压而成，硬度高耐磨性好，独特的销轴防转机构避免了销轴的

图 8-15　模台运转系统

磨损，提高使用寿命，整体喷塑处理防水防锈。

（2）流水线模台运转保证措施

1）摆渡车控制系统

摆渡车保证模台运转，由框式机架、行走机构、支撑轮组、驱动轮组及电控系统等组成。其工作过程如下：周转平台通过生产线上的驱动轮装置及摆渡车上的驱动轮组装置进入摆渡车上方，由支撑轮组支撑，达到摆渡车上指定位置；行走机构开始工作，横向移动至另一侧工位；横向运送车返回原位。考虑到运输模具过程的复杂工况，摆渡车各部分的位置识别通过固定在车上的感应式启动器和固定在地面上的信号轨进行。

2）驱动轮及其控制系统

驱动轮及其控制系统组成的模板轨道自动传送系统在输送线上不同位置设置了行程开关用于检测模板的位置、变速等，能够实现各工位的自动停止、启动、变速。可通过选择运行模式将整个输送线分工，各工位可以独立运行或组合运行，可手动、自动、半自动化切换运行，输送线流程中间有清理、喷涂隔离剂、钢筋安装、横移等工位。驱动线按生产工艺分为装钢筋网、安装钢筋工位、埋件、浇筑、静养、整平、抹平、拉毛、养护、拆边模、脱模等工位。每个工位都装有防撞装置，确保运转安全，如图 8-16 所示。

2. 流水线工艺适用性

流水线工艺主要适合板式构件。目前，品种单一的板式构件，且不出筋和表面装饰不复杂，使用流水线可以实现自动化和智能化，可获得较高效率。但投资非常大，只有在市场需求较大、较稳定且劳动力比较紧缺的情况下才有经济上的可行性。

3. 流水线工艺流程

（1）生产线设备

流水线由于自动化程度比较高，整条生产线全程有中央控制系统控制生产，需

图 8-16　大型模台入立体式养护窑

要大量辅助生产设备。主要包括以下设备：混凝土输送料斗、混凝土布料机、振动台、清理机、喷涂机、数控划线机、拉毛机、抹光机、振动赶平机、养护窑、码垛车、侧翻机、模台横移车、支撑滚轮、驱动轮等，可根据生产自动化程度以及生产产量选购设备。

（2）工艺流程

流水线工艺是将模台放置在滚轴或轨道上，使其移动。首先通过精确数控划线机进行规格布置；然后模台流入组模区组模；组模完成后流入预理工位进行预埋件安装；随后移动到放置钢筋作业区段，进行钢筋入模作业以及预留管线安装；然后再移动到浇筑振捣平台进行混凝土浇筑；完成浇筑后模台下的平台震动，对混凝土进行振捣；赶平机、抹平机

抹平收光之后，模台移动到养护窑进行养护；养护结束出窑后，移到脱模区脱模，构件或被吊起，或在翻转台翻转后吊起，然后运送到构件存放区，如图 8-17 所示。

图 8-17　大型模台的翻转作业

8.2.3　长线台座生产线

1. 运转原理

长线台座生产线特点是台座和模具固定不动，工位作业流动。因此，每一道工序都由轨道移动的专用机械进行作业，如清理上油机、划线机、模具和钢筋骨架运送机、混凝土轨道运送斗、浇灌车等。生产过程由数控电脑监控，机械化作业，操作人员少、效率高。

2. 功能特点

长线台座生产线适合各种构件的生产，可以生产各种墙板，叠合楼板，预制梁、异形构件和各种别墅构件。模台串联可实现超大构件的生产，也可做成长模台生产预应力叠合楼板（要增加拉钢筋器），如图 8-18 所示。与流水生产线相比，其可节约电能，减少设备故障率，以及减少维修费用；比固定模台可节省人工，可根据生产的需求量灵活增减模台数量及人员安排。

图 8-18　长线台座生产线

3. 产能

如表 8-1 所示，一条生产线按 20 张模台计算，平均 30 分钟完成一个工位（即 30 分钟能出一张模台的构件）。每小时可生产 $60m^2$，每天可生产 $1200m^2$。每年按 300 天计算可生产 36 万 m^2。

人员配置表　　　　　　　　　　　　　　　　　　　表 8-1

岗位	人数	岗位	人数
厂长	1	搅拌站操作工	3
技术负责人	1	机械维护工	1
生产负责人	1	工艺工程师	1
PC生产操作工	32	合计	40

人员配置约 40 人（两班）包括技术和管理人员，如表 8-1 所示。

4. 生产线工艺流程

模台清理→涂刷隔离剂→安装边模→布筋安装预埋→混凝土浇筑振捣→刮平或者拉毛→养护→模具拆除→构件立起、起吊→构件厂内运输。

5. 养护时间

每四台为一个养护单位，蒸养时间大约为 6.5～8h。

8.2.4 生产线优缺点分析

1. 固定模台工艺

固定模台生产工艺是构件本身固定不动而人流动，这种方式是平面预制构件生产线中历史悠久的一种生产工艺。其优点为：工艺设备不复杂，投资小；具有较强的工艺通用性，能够生产多种不同的混凝土构件；没有时间局限性，特别适用于生产工序复杂和工序作业时间长的混凝土构件。

其缺点为：生产成本较高，机械化程度较低，需要大量的人员投入，劳动效率低；混凝土预制构件养护不集中，保温设备简单，能耗较高；分散作业，难以保持作业现场清洁；由于分散布置台座，导致占地面积较大。

2. 流水生产线工艺

流水生产线工艺的优点为：混凝土预制构件生产成本较低；具有较高的机械化程度，能够进行程序控制；可以实现专业化作业，促进劳动效率提高；工序衔接紧凑，减少人员投入；能够进行集中养护，降低能耗。

其缺点为：一次性投资较大；工序作业受时间限制，灵活性差。

3. 长线台座生产线工艺

长线台座生产线工艺的优点为：工艺通用性强，适合生产叠合板、预应力叠合板、双 T 板、桥梁等市政构件。采用流水作业，机械化程度较高。工序衔接紧密，生产效率高。生产成本低，设备价格低。

其缺点为：生产线较长，作业距离远。一次性投入较固定模台成本高。

综上，总结出三种混凝土预制构件生产线的适用性如表 8-2 所示。

预制构件生产工艺比较表 　　　　　　　　　　　　　　　表 8-2

序号	项目名称	固定模台	流水线	长线台座
1	适用范围	内墙、外墙、叠合板、阳台、楼梯、飘窗等	内墙、外墙、叠合板	内墙、外墙、叠合板
2	浇筑设备	吊斗	布料机	布料机
3	成型设备	震动棒	振动台	震动棒
4	养护方法	分散蒸养、自然	集中蒸养	地暖
5	通用性	好	受限制	一般
6	作业条件	一般	好	较好

续表

序号	项目名称	固定模台	流水线	长线台座
7	机械化程度	较低	较高	一般
8	能耗	较低	较高	一般
9	产品质量	好	较好	较好
10	劳动效率	较低	高	一般
11	产能	较低	高	一般
12	投资成本	较小	较大	一般

通过三种生产工艺的对比，固定模位生产线工艺通用性强，不受作业时间限制，投资小，适用于各类构件。流水线工艺布局科学合理，具有较高的安全性，工序设计紧凑，能够实现集中蒸养，能源浪费较少，具有较高的机械化程度，同时劳动生产率及产能相对较高，适用于生产墙板类构件。长线台座工艺节能环保，机械化程度较固定模台高，适用性强，适合叠合板类构件生产。

8.3　大型模台流水线生产设备

大型模台流水线生产车间应用自动化生产线生产混凝土预制构件，通过熟练工人在模台上装配高精度模具、装配预埋配件（包括装饰面层、预埋配件）、钢筋骨架的安装及混凝土的浇筑、振捣，再传送到蒸养窑内蒸养，经过标准养护时间后传送构件至脱模部分完成成品的吊装，如图8-19所示。此过程生产工位繁多，设备种类多种多样，如表8-3所示。

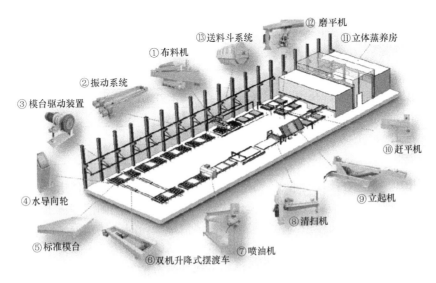

图8-19　高精度生产线工艺流程

工艺一览表　　　　　　　表 8-3

序号	工艺名称	工程简介	设备配置	备注
1	模台清扫	清扫模台上的残渣和灰尘	清扫机	模台通过及人工
2	隔离剂喷涂	喷洒隔离剂	喷涂机	模台通过
3	模板钢筋笼安装	安装底层边模及门窗口模板		高位激光投影
4	预埋件安装	在模板内安装连接套筒水电盒等		
5	一次浇筑	在模具中浇筑混凝土	布料机	
6	混凝土振捣	对浇筑完的混凝土进行振捣密实	振捣台	共用
7	上层模板安装	安装上层模板(装饰层)		
8	挤塑板安装	安装保温板		
9	连接件安装	安装结构层与装饰层的连接件		
10	钢筋网片安装	安装钢筋网片		
11	二次浇筑	上层混凝土布料	布料机	
12	振捣刮平	上层混凝土振捣密实刮平	振捣刮平机	
13	构件预养护	完成构件初凝	预养窑	
14	构件表面抹光	对构件表面进行搓平压光	抹光机	
15	构件蒸养	构件终养护,达到脱模吊运强度	蒸养窑、堆码机	
16	构件脱模	拆除边模及门窗口模板		
17	翻版吊运	翻板立吊至冲洗区	翻板机	
18	构件清洗	四周断面清洗,达到露骨料效果	高压水泵	

8.3.1 清理机

主要是将脱模后的空模台(去掉边模和埋芯后)上附着的混凝土清理干净,主要由清渣铲、横向刷辊、清渣铲支撑架、电气控制系统、气动控制和清渣斗组成。

设备采用特殊结构的刮刀,轻松铲除模台上块状混凝土及凸起粘接。双辊加钢丝毛刷辊,可扫除颗粒状混凝土及平面粘接。往复行走装置可使模台能够反复清扫,清洁度可达到 85 以上,如表 8-4 所示。

清理机主要技术参数　　表 8-4

项目	参数
渣铲铲刀宽度	4000mm
横刷辊长度	4000mm
横刷辊转速	300r/min
总功率	8.5kW

设备使用中需要做好接模台准备。起模后的模台进入下一个循环使用时,需要对模台表面进行清洁处理,按动输送线上移动模台按键,即可将模板送到清理机下。由于模台上的垃圾大小不一,首先需要使用刮刀推铲。当需要清理模台时,按动控制台上刮刀放下按键,利用气缸即可将刮刀放下。启动清扫辊放下刮刀后,立即按动控制台上清扫辊启动按键,启动清扫辊。清扫辊启动后,按动输送线上移动模台按键,使模台移动,模台在输送电机的驱动下,通过清理机,自动完成模台清理功能,如图 8-20 所示。如果模台一次未清理干净,可使用输送线上模台往复移动旋钮,将模台退回,进行二次清理。

8.3.2　隔离剂喷涂机

主要用于将隔离剂均匀快速地喷涂在模板表面上，主要由机架、喷涂控制系统、喷涂装置及收集箱等组成。12个（根据模板宽度而定）独立喷涂装置在PLC的控制下，按预先设定好的喷涂画面，独立或开或闭，自动完成喷涂作业，相关参数如表8-5所示。触摸屏直观设置，可根据划线情况，随时改变喷涂形状，节约脱模隔离剂。在PLC的控制下，

图8-20　清理机

喷头的喷出量可在0.01-1L/min范围内调整。下置脱模隔离剂收集箱，方便脱模隔离剂的回收。

喷涂机主要技术参数	表 8-5
项　目	参　数
自吸泵电机功率	0.37kW
隔离剂喷涂范围	4m
喷嘴流量	1.35L/min
隔离剂箱有效容积	155L
隔膜泵排出压力	0.33MPa

设备操作中需要做好接模台准备。按动输送线上移动模台按键，即可将模板送到喷涂机前，备用。隔离剂喷涂为自动操作，当需要喷涂隔离剂时，按动输送线上移动模台按键，移动模台通过喷涂机，喷涂机自动启动喷涂系统，即可同时完成隔离剂喷涂及抹匀动作，如图8-21所示。

图8-21　喷涂机

8.3.3　数控划线机

主要用于在模台上快速而准确画出边模预埋件等位置，提高放置边模、埋件的准确性和速度。主要由机械传动系统、控制系统、伺服驱动系统、划线系统及集中操作系统等5

大部分组成，如图 8-22 所示。

图 8-22 划线机

行走部分为桥式结构，采用双边伺服电机驱动，运行稳定，工作效率高。装有自动画笔系统，自动调整画笔与模台的距离。通过人机集中操控界面，可实现各种复杂图形一键操作。

配有 USB 接口，通过自带的自动编程软件，可对各种图形根据实际要求进行计算机预先处理，通过外接 U 盘传递，实现图形的精准定位。适用于各种规格的模板、叠合板、墙板模台的划线作业。系统可在手动、自动划线操作系统之间快速转换，便于灵活补线及快速操作，如表 8-6 所示。

划线机主要技术参数

表 8-6

项目	参数	项目	参数
轨距	5.0m	最大划线宽度	4000mm
轨长	11m	划线精度	±1.5mm
最大划线速度(可调)	1.5～9m/min	线条宽度	2mm≤H≤4mm
最大划线长度	11000mm	画笔升降高度	150mm

设备操作时需要做好接模台准备。按动输送线上移动模台按键，将模板送到划线机下，备用。设备的操作有手动/自动操作两种功能；手动操作主要用于自动操作的补充（补线、改线）以及临时划线或图形设计之用。自动划线为设备常用及建议使用操作方式。首先按使用说明书指示，打开操作触摸屏。按画面指示按下自动操作按键，进入自动操作界面。打开压缩空气开关，对照生产指令，检查所选图形是否符合图纸。确认无误后，按下启动按钮，划线机自动回到零位（原点），开始按程序自动划线。操作完成后，设备自动回到零位（原点）。在划线机工作时，一定要仔细观察喷头的工作状态，发现问题立即按暂停键停止运行，待排除故障后，按启动键恢复运行。

8.3.4 振捣搓平机

主要用于将布料机浇注的混凝土振捣并搓平，使混凝土表面平整。由机架、纵、横向走行机构、搓平机构、升降机构、振捣机构及电气控制系统等组成。采用双拉绳升降机构，结构紧凑、安装方便，而且可在规定行程范围内任意位置停止。电机驱动搓平机构，能实现往复搓平。行走机构采用变频电机驱动，可以随时调整行走速度。

当混凝土预制构件需要搓平作业时，需要将已振捣完成的混凝土连同模台一起送入搓平机下。首先升起搓平机搓平装置，只需按下遥控器上搓平装置升起按键，即可完成搓平机搓平装置的升起到位。当搓平机搓平装置升起到位后，即可操纵驱动线上操作盒驱动模台进入搓平机工位。模台进入搓平机工位后，为保证有效搓平及振捣，必须将搓平装置放在边模上。按下遥控器上搓平装置下降按键，待其落到边模上表面即可。模台就位后，按动遥控器上启动按键，搓平机搓平装置开始动作。当需要振捣"提浆"时，开启振捣电机开关即可。移动横、纵向行走机构，即可对混凝土预制构件进行全长度搓平，如图 8-23 所示。

搓平完成后，升起或移开搓平机构，操纵驱动线上操作盒驱动模台进入下一个工位。

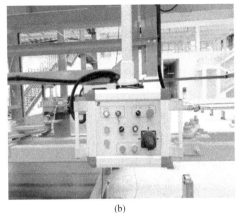

（a）　　　　　　　　　　　　（b）

图 8-23　振捣搓平机
（a）模台准备；（b）操作遥控器

8.3.5　拉毛机

主要用于对叠合板构件上表面进行拉毛处理。由机架、升降机构、拉毛机构及电气控制系统等组成。采用电动升降机构，结构紧凑、操作方便。片式拉毛板，拉毛痕深，不伤骨料，如表 8-7 所示。

拉毛机主要技术参数　　　　　　　　　　　　表 8-7

项目	参数	项目	参数
拉毛宽度	>3200mm	提升最大行程	300mm

当混凝土预制构件需要拉毛作业时，先放下拉毛装置，只需按下操作面板上拉毛装置下降按键，即可完成拉毛机拉毛装置的下降到位动作。当拉毛机拉毛装置到位后，即可操纵驱动线上操作盒驱动模台进入拉毛机工位。模台就位后，在驱动装置的驱动下，拉毛装置开始拉毛动作。可对混凝土预制构件进行全长度拉毛，提高拉毛效果。拉毛完成后，升

起拉毛机构，操纵驱动线上操作盒驱动模台进入下一个工位，如图8-24所示。

图8-24 拉毛机

8.3.6 养护窑

通过立体存放，提高车间面积利用率。通过自动控制温度、湿度缩短混凝土构件养护时间，提高生产率。养护窑主要由窑体、蒸汽管路系统、模板支撑系统、窑门装置、温控系统及电气控制系统等组成。

窑体由模块化设计钢框架组合而成，便于维修。窑体外墙用保温型材拼合而成，保温性能较好。每列构成独立的养护空间，可分别控制各孔位的温度。窑体底部设置地面辊道，便于模板通过。由PLC控制的温度、湿度传感系统可自行构成闭环的数字模拟控制系统。使窑内形成一个符合温度梯度要求的、无温度阶跃变化的养护环境。中央控制器采用工业级计算机，具有实时记录温度或报表打印功能，同时还可以进行历史记录温度的回放等。

蒸养制度是指对养护过程的时间和温度的规定，其表示方法为：静养—升温—恒温—降温。一般确定：静养期（2h）；升温期（3h；0～1h：33℃；1～2h：38℃；2～3.5h：50℃）；恒温期（3h，42℃）；降温期（1.5h，25℃）。整个蒸养系统由供热系统、温控系统、通风降温系统、养护窑系统几部分组成。温度控制系统主要由1台上位工控PC机、PLC下位机、64点温度传感器、8路（24点）电磁阀和通风机等组成。养护窑主要技术参数如表8-8所示。

养护窑主要技术参数 表8-8

项目	参数	项目	参数
控温通道数	8个	湿度控制精度	±3%RH
控湿通道数	8个	最大电能消耗功率	1kW
温度控制范围	室温至85℃	通过宽度	4500mm
温度控制精度	±2.5℃	通过高度	1000mm
湿度控制范围	环境湿度至99%RH		

操作码垛车的挑门装置，即可进行养护窑门开启和关闭动作。操作码垛车托架的移动、顶推装置，即可完成养护窑的存、取板动作。通过操作养护窑温控柜或中央控制室内电脑，将温度、湿度养护曲线，在不同的显示画面上预先设定，系统将按照预设数值对温度、湿度进行控制。点击温控柜显示屏启动/停止键或中央控制室养护窑对应电脑相应画面开始/停止键，即可启动或停止温度、湿度控制系统，如图8-25所示。

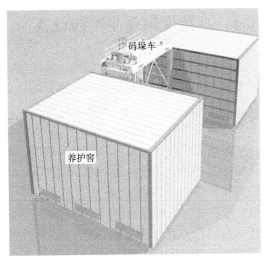
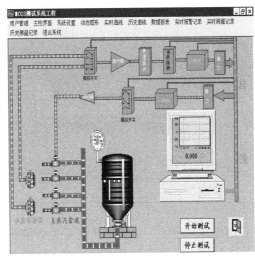

图 8-25　养护窑

8.3.7　码垛车

主要是将振捣密实的构件带模具从模台输送线上取下，送至立体养护窑指定位置，或者将养护好的构件带模具从养护窑中取出送至回模台输送线上。主要由行走系统、框架结构、提升系统、托板输送架、取/送模机构、抬门装置、纵向定位机构、横向定位机构、电气系统等组成。具有手动、自动两种控制模式，自动模式可任意设置动作循环。配合视频系统，可以远程操作，实现现场无人值守。码垛车主要技术参数如表 8-9 所示。

码垛车主要技术参数　　　　　　　　　　　表 8-9

项目	参数	项目	参数
设备总功率	65kW	横移速度	0～25m/min
额定载荷	30t	垂直定位精度	≤3mm
提升高度	4000～8000mm	水平定位精度	≤3mm
提升速度	10m/min		

码垛车具有本地和远程中控室两种操作形式，其中本地操作有自动、手动两种模式。操作之前，需要在触摸屏上进行身份登陆。动作流程主要有码垛车接板、送板、存板、取板等动作，每一个动作的进行必然建立在前一个动作完成并得到确认的基础上。自动模式下，只需选定需要操作的窑号或位置，点击"存板"或"取板"即可按照动作流程完成相应存或取板的命令。手动模式下，操作员需牢记动作流程，按动作流程一步步进行，以免造成设备、人员伤害。日常操作推荐使用自动模式，解决故障或应急使用采用手动模式。自动模式下，存取板动作一次性完成后，相应的窑会被程序记忆为"有板"（红色）或"无板"（绿色）。手动模式下，完成操作后，要求操作员进入触摸屏界面进行设置确认，以免造成"有无板"假象。操作员可从触摸屏界面监控到目前执行的工作步骤和各个机构的状态，以及报警信息。码垛车如图 8-26 所示。

图 8-26 码垛车

8.4 高精度钢筋生产线设备

高精度钢筋生产线是智能化、集成化的大型模台高精度生产控制技术中重要的一部分，现代化的生产车间均会配置高精度、智能化钢筋生产线。

钢筋生产线主要分为原材料堆放区、钢筋加工区、半成品堆放区、成品堆放区、钢筋绑扎区等。其主要设备为钢筋调直切断机、弯箍机、直螺纹套丝机、钢筋网片焊接机、钢板焊接机等。钢筋生产线主要负责外墙板、内墙板、叠合板及异型构件生产线的钢筋加工制作。钢筋类型主要有箍筋、拉筋、钢筋网片和钢筋桁架等。

8.4.1 钢筋弯曲机

钢筋弯曲机的工作机构是一个在垂直轴上旋转的水平工作圆盘，把钢筋置于图 8-27 中虚线位置，支承销轴固定在机床上，中心销轴和压弯销轴装在工作圆盘上，圆盘回转时便将钢筋弯曲。为了弯曲各种直径的钢筋，在工作盘上有几个孔，用以插压弯销轴，也可相应地更换不同直径的中心销轴。

通过设置好伺服参数、生产计划，根据钢筋直径的不同，选择每次生产钢筋的根数，左机、右机回参距离，左机、右机反弯工作位置，左机、右机移动速度，左弯、右弯弯曲速度（第一次上电速度应放慢，动作正常以后，速度可以加快），弯曲轴时间等参数。

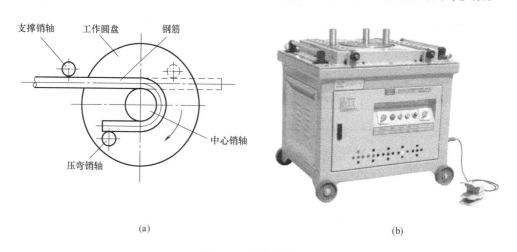

(a)   (b)

图 8-27 钢筋弯曲机
(a) 钢筋弯曲机工作原理；(b) 钢筋弯曲机实物图

一般系统可以进行相应的画面编辑，可以保存 20 组以上生产图形，根据生产规格设定好左右行走尺寸、左右弯曲角度。设定好长度，角度以后，设定编号按保存，应用确认以后才可以自动工作。

检查焊机贮气筒中积存的水。焊机在正常工作时，要定期排放调压过滤器中的积水。检查设备的活动部位和链条传动部分要定期加油润滑，防止生锈。定期对各润滑点进行润滑，保证润滑良好。每班应及时清理设备，保持设备的清洁。定期检查各连接螺栓的连接，保证各连接螺栓无松动、脱落现象。

8.4.2 钢筋桁架机

桁架钢筋混凝土叠合板是将楼板中的部分受力钢筋在工厂加工成钢筋桁架，在钢筋桁架下弦处浇筑一定厚度的混凝土，形成的一种带有钢筋桁架的混凝土叠合板（简称"叠合板"）。桁架筋焊接生产线是一种将螺纹钢盘料和圆钢盘料自动加工后焊接成截面为三角形桁架的全自动专用焊接生产线，如图 8-28 所示。

需要在每个作业班结束或开始时，进行一次清洁工作，清除氧化铁皮及杂物，各个润滑点加油。随时检查矫直轮的磨损情况，磨损严重的应及时更换，否则会影响钢筋的矫直效果。观察放线架与矫直机构的导辊磨损情况，发现磨损严重或因轴承损坏造成导辊转动不畅，应及时更换。

8.4.3 全自动钢筋焊接网机

钢筋焊接网是由钢筋网成型机将具有相同或不同直径的纵向和横向钢筋分别以一定间距垂直排列、全部交叉点均用电阻点焊连接在一起的钢筋网片，在工厂进行规模化生产，用以取代人工绑扎散支钢筋的高效新型建筑钢材制品，如图 8-29 所示。钢筋焊接网间距排列准确，交叉点为焊接连接，受力均匀保证了工程质量，并且节约钢材，缩短工期。

设备的操作需要先打开气源开关，检查气源压力是否在 $0.5\sim0.8$MPa 之间；打开冷却水水泵电源开关，检查冷却水水泵压力是否 ≥0.3MPa；然后合上进线母线刀闸开关，动力控制柜右上方 A、B、C 三相指示灯亮起，合上动力控制柜上断路器，切换检查 U_{ab}、U_{ac} 之间的电压，查看电压表指针读书是否在 380V$\pm10\%$范围内。按下操作控制台上的电源启动按钮，电源指示灯亮起，检查触摸屏、PLC、伺服电机及控制器是否正常工作，有无异常报警，（如有报警可根据触摸屏上的故障报警提示排除故障）。启动剪切机构油泵电源开关，在触摸屏上设置运动参数、焊接参数、储料设置和检测设置，选择自行运动模式，按下启动键，设备进行自动工作。

设备使用过程中，油水交换器的清洗间隔时间取决于水质、温度和水流量。需要每周检查软管的接口和螺纹接口的密封性，气路系统是否漏气。气路水分过滤器，以及油雾器的 PLC 控制单元和可控单元每年检查一次上面的积灰并加以清理。检查牵引机构的主动轮和从动轮磨损程度，如有必要必须进行调整和更换。

8.4.4 数控钢筋剪切弯曲加工机

随着预制构件厂对钢筋机械加工精度和速度的不断提高，要求自动控制系统的功能不断扩大、改进和完善。钢筋加工过程中主要包括传动、弯曲、切断三大步骤。因此主要从弯曲机构、弯曲主轴伸缩机构、切断机构进行设计，从而实现高精度钢筋剪切弯曲。

1. 高精度弯曲机构设计

一般弯曲机构包括弯曲芯轴、保护套以及轴承。轴承采用滚针轴承，保护套通过滚针

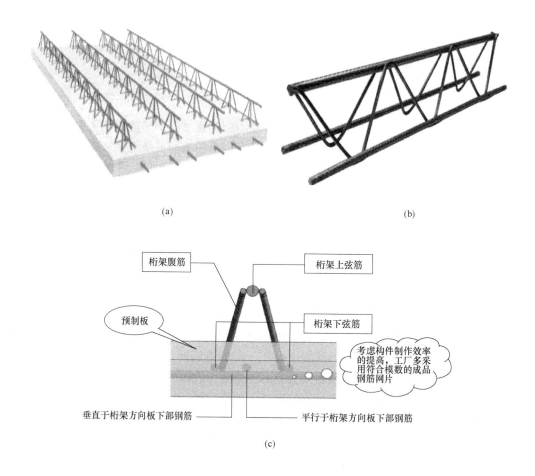

(a)　　　　　　　　　　　　　　　　　　　(b)

(c)

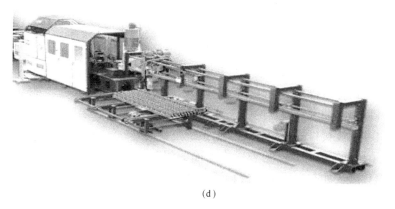

(d)

图 8-28　叠合板桁架筋生产
（a）叠合板示意图；（b）桁架筋示意图；（c）叠合板桁架筋详图；（d）自动桁架筋生产设备

轴承与弯曲芯轴的一端连接，以此构成保护套的相对弯曲芯轴的转动连接结构。弯曲芯轴的另一端设有螺纹段，该螺纹段与弯曲主轴作用端所开设的螺纹孔螺纹连接，以此构成定位固定连接结构。该结构工作中力矩较大，易导致弯曲芯轴松动，螺纹磨损，弯曲精度大

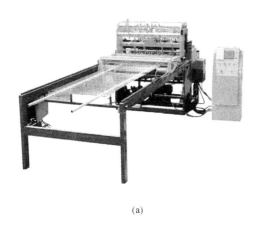

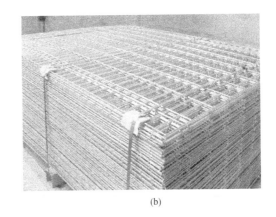

(a)   (b)

图 8-29　钢筋网片生产

(a) 钢筋自动焊网机；(b) 成品网片

大降低。

为解决上述问题，设计了一种弯曲机构，主要包括弯曲主轴、弯曲体、弯曲轴和弯曲芯轴。弯曲体通过键偏置固定连接在弯曲主轴上，弯曲轴和弯曲芯轴通过锁紧螺母固接在弯曲体上，弯曲芯轴与弯曲主轴同轴设置。弯曲轴的头部安装有轴承，轴承上安装有弯曲轴套；弯曲芯轴的头部安装有滚针轴承，弯曲体通过紧固螺钉与弯曲主轴固接，弯曲轴与弯曲芯轴分别通过紧固螺母与弯曲体固接，弯曲芯轴与主轴同轴设置。在钢筋弯曲过程中，该机构稳定可高，有效减少了弯曲角度误差，成功实现了正反弯角度精确，提高了加工弯曲精度，实现高精度生产，如图 8-30所示。

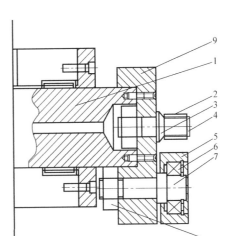

图 8-30　新型弯曲机构示意图

1—弯曲主轴；2—滚针轴承；3—弯曲芯轴；

4—挡片；5—弯曲轴套；6—轴承；

7—弯曲轴；8—锁紧螺母；9—弯曲体

2. 弯曲主轴伸缩机构设计

常用钢筋弯箍机弯曲主轴伸缩机构，主要包括固定座和安装在固定座上的气缸，气缸的活塞杆端部连接有连接杆，该连接杆设置在伸缩套上，该伸缩套通过轴承支撑在弯曲主轴上。

弯曲轴的一端设置有弯曲主轴和弯曲芯轴，另一端滑动插入并结合在输入轴套的内控中，输入的轴套被支撑在弯曲支撑的孔内，弯曲支撑固定在机架上；在机架上还固定有伸缩气缸，伸缩气缸的活塞杆端部连接拨叉的一端，拨叉的另一端插入在弯曲轴上。采用气缸推动拨叉，再由拨叉拨动弯曲轴前进、后退，使弯曲轴实现伸缩功能。该结构易磨损，精度不够，误差较大，影响最终成型质量。

在此基础上，改进设计了一种钢筋弯箍机弯曲主轴伸缩机构，主要包括固定座和安装在固定座上的气缸，气缸的活塞杆端部连接有连接杆，连接杆设置在伸缩套上，伸缩套被轴承支撑在弯曲主轴上，弯曲主轴的尾部与驱动机构滑动连接，弯曲主轴的头部连接有工作头。与弯曲主轴连接的驱动机构包括依次相连的电机、减速机和输入轴套，通过花键套与弯曲主轴连接，输入轴套通过两端的轴承支撑在固定座内，如图 8-31 所示。

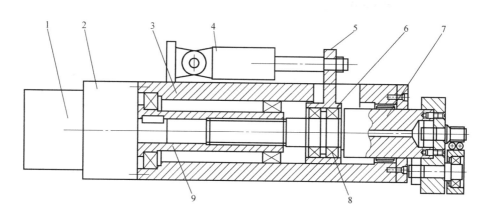

图 8-31　弯曲伸缩机构示意图

1—电机；2—减速机；3—固定座；4—气缸；5—连接杆；

6—伸缩套；7—弯曲主轴；8—轴承；9—输入轴套

通过此种设计，采用气缸推动被轴承支撑在弯曲主轴上的伸缩套，彻底避免了拨叉与弯曲主轴的摩擦问题，在延长弯曲机构使用寿命的同时，使弯曲主轴的伸缩动作更加精确，更加有助于双头弯筋与大型环境的加工精确度。

3. 偏心式切断机构设计

切断机构一般包括制动电机、减速机、偏心轴以及剪切底座。制动电机的输出与减速机输入轴固定连接，剪切底座上设有坐孔，有一旋转轴套经轴承支撑于剪切底座的坐孔中；减速机的输出轴和偏心轴的一端分别从旋转轴套的两端伸入旋转轴套内，并与旋转轴套键连接形成传动结构；偏心轴的轴段上对应旋转轴套端面位置设有环形凹槽，固设有卡板，以此形成偏心轴相对旋转轴套的轴向定位结构。该结构制造复杂，精度偏低，难以满足建筑工业化高精度制造加工的需要。

针对上述问题，设计了一种偏心式切断机构，主要包括轴承支撑在固定座内的偏心轴，偏心轴的一端通过减速机与电机连接，另一端安装有轴承；轴承的外圆与切断壁一端的下表面接触，切断壁端的上表面设有压紧弹簧，另一端固接有切断刀，切断壁的前部设有支撑轴；该支撑轴为旋转轴，如图 8-32 所示。该设计应用杠杆原理，采用偏心轴驱动结构简单合理，将偏心轴和切断壁的滑动摩擦变为滚动摩擦，减少了切断中的阻力，提高了定位精度，提升了生产效率。

该切断机构工作时，驱动机构传递动力到偏心轴，偏心轴通过轴承带动切断臂和旋转轴并以旋转轴中心为轴顺时针转动，切断刀下降切断钢筋；此时轴承处于最高位，轴承在驱动机构的带动下下降，切断臂以旋转轴中心为轴逆时针转动复位，进入下一个循环，如图 8-33 所示。

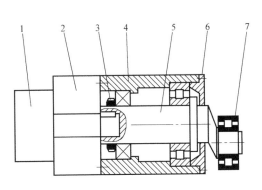

图 8-32　新型驱动部分示意图
1—电机；2—减速机；3—固定挡圈；4—固定座；
5—偏心轴；6—压盖；7—轴承

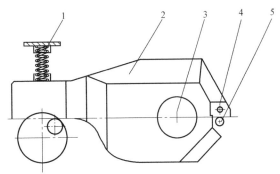

图 8-33　新型切断部分示意图
1—弹簧；2—切断臂；3—旋转轴；
4—切断刀；5—钢筋

8.5　智能化生产技术与应用

8.5.1　生产管理流程

目前，构件生产工艺大多以流水线生产方式为主，生产产品类型包含剪力墙与叠合板等多种类型，采用不同的生产线组合来生产板类构件、异形构件。不同生产线组合生产时，产能不同、产量不同、生产效率及成本也不同。在实际生产过程中，由于当前市场对构件的需求量少，加之建筑结构复杂，需要的构件种类多且尺寸不一，对材料的等级要求也不同，构件生产标准化程度低。另一方面，构件工厂的信息化管理水平低下，生产现场秩序混乱，对机械和人工的利用不充分；有的生产过程还处于全手工或半自动化生产方式，模台空间利用不充分，甚至有空转的情况，造成资源的浪费和生产成本的提高。

针对生产过程中存在的问题，要尽快制定合理的解决方法，找到制约生产效率的瓶颈。同时加强生产现场管理，提高机械、材料、人工使用效率，减少资源浪费，有效提高构件生产产能。为尽快适应目前新型城镇化、信息化以及工业化的发展趋势，我国建筑企业要提高建筑标准化、工业化的技术水平，提高工作效率。

8.5.2　生产管理标准化

1. 构件标准化的必要性

预制装配式混凝土结构是以预制混凝土构件为核心的构件，经过装配、连接以及结合现浇而形成的混凝土结构。PC 项目的运行模式，各个地区不尽相同，在国内还处于开发研究阶段。随着人们对住宅质量的不断提高，住宅从基本居住功效，拓展到外部环境舒适，再到内部居住质量提升，都在要求推行住宅标准化，为预制构件提供了更为开阔的发展空间。

2. 标准化生产流程的主要原则

装配式构件利用平面进行生产，有助于装配式结构更好的推进和实施。户型要规整，有利于预制，减少构件的数量，降低成本；标准层不改变，能够提升构件复制率；开间尽量统一，提高构件整体性。下一段装配式结构的立面流程和标准化生产是整体和局部的关系。利用立面流程进行优化，生产流程应用模数协调的原则，通过集成技术减少构件类型，并进行构件多样化组合，从而实现立面化、标准化的生产效果，达到节约环保的目的。构件立面流程必须规范，外墙不能出现凹凸现象。在不影响生活销售标准的前提下，减少装饰物品和不必要的线条，最大程度避免复杂外墙构件。中部统一标准，避免不必要装饰物品；顶部现浇，丰富造型变化。

3. 标准化生产流程的方法优化

（1）构件优化方法

结合装配式建筑标准化生产流程，并且对平面、立面进行优化。在确保装配式建筑功能的前提下，秉持规格少、组合多的构件优化原则，使建筑符合系统化、规范化的标准。在立面流程中，需要对不同结构的构件进行详细研究，根据装配式建筑标准化的优势制定出不同的优化方法。

（2）技术优化方法

在装配式建筑标准化优化过程中，生产流程起着至关重要的作用。对工程的外在环境、资金成本以及目的都要进行深入了解，以保证预制构件的标准化、规范化。主动和施工单位进行交流，通过分析共同研究出一套完整的优化方案，为后期的装配式建筑标准化生产流程中提供帮助。

（3）构件加工优化方法

在构件加工优化过程中，供应商需要和工作人员进行沟通交流，供应商要根据优化要求加工构件，工作人员要向供应商提供构件的数据信息。还需注意的是，预制构件在建筑施工场地的固定、安装孔以及吊钩设计。

（4）施工方案优化方法

根据初步施工方案优化，内部装饰物品、预制构件的优化数据，在进行装配式建筑施工方案优化过程中，要对不同专业的预埋预留构件进行整体考察，高度重视装配式建筑设计中的隔声和防火设计。

（5）预制构件优化方法

装配式建筑在预制构件优化过程中，必须坚持标准化、模式化的原则，最大程度减少利用构件的数量，确保构件的准确性，降低工程造价。在装配式建筑标准化生产流程中，开洞和降板等工序可以选择现浇施工方法；对构件吊装、运输加工以及生产进行全面的考察。构件优化方法要兼具防火、耐用度高。另外，在构件优化过程中，要特别注意构件的安全性和稳定性，若构件的尺寸相对较大，可以增加预埋吊点和构件数量。根据不同的隔热保温要求，制定出符合要求的外墙板，以满足空调安装的需求。在进行建筑物中非承重墙设计中，要选择隔音效果良好、安装方便、体重较轻的隔墙板。按照不同的功能，对室内进行功能划分，确保建筑标准化生产流程的稳定性和安全性。

8.5.3　流水工艺优化

生产工艺流程的编制与工位布局对产能的影响非常大。有些工位耗时比较长，例如制模、绑筋、后处理、拆模等工位；而有些工位耗时比较短，例如构件布料工位。如果这些工位布局不合理，就会造成耗时短的工位待工，等待耗时长的工位，最终影响产能。例如，有一家工厂的生产线，布料只需要 10 分钟，而制模、绑筋工位需要 60 分钟，但该工位只有四个，就造成了布料工位每小时有 20 分钟待工时间，浪费了产能。

下面以剪力墙为例说明。

1. 工艺流程

分层组合模具工艺为了提高生产精度，缩短流水周期，将钢筋绑扎等环节从生产线剔除出去，实现成品钢筋笼入模。采用该工艺进行混凝土剪力墙构件生产的工艺流程为：先安装下层边模，然后将绑扎好的钢筋骨架放入下层边模，钢筋骨架上的外露钢筋插入下层边模的预留槽内，再将上侧边模安装在下层边模上，上侧边模的预留槽卡住钢筋骨架上的外露钢筋，具体步骤见图 8-34。

2. 流水节拍布置

经过多次试验分析，分层模具生产工艺的流水节拍设置为 15min。针对该流水节拍设置了 14 道工序，共安排 13 个工位。相关工位设置与人员安排详见表 8-10：

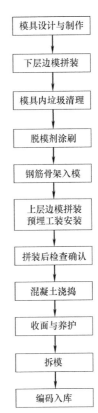

图 8-34　预制剪力墙构
件生产工艺流程图

工位安排表　　　　　　　　　　　　　　　　表 8-10

序号	工位名称	工位数量	单工位人员数量	小计
1	模台垃圾清理	1	1	1
2	划线			
3	模具清理	1	2	2
4	隔离剂涂刷			
5	下层边模拼装	1	2	2
6	钢筋笼安装	1	2	2
7	上层边模拼装	1	2	2
8	预埋安装	1	1	1
9	混凝土浇筑	1	2	2
10	振动赶平	1	1	1
11	预养护窑	1		—
12	抹光	1	1	1
13	脱模	2	2	4
14	水洗面冲洗	1	1	1
合　计		13	—	19

3. 工位等待

为缩短工位等待时间，以及杜绝工位等待，可采取以下措施：

（1）对于影响产能的一些关键工位，例如，模具拼装和拆卸、制筋和绑筋等，采用熟练工以提高效率。

（2）在业务量饱满、产能较低时，将部分生产线劳务外包，让专业的预制工厂劳务外包公司来承包部分生产线的生产，让专业的队伍做专业的事情，产能就会大幅提高。

（3）重技术，加强人才培养，着力提高管理人员的专业技术水平，增强责任心，管理人员经过专业培训后方可上岗。工厂配备专业工艺工程师，加强对工位布局的研究，优化工艺流程，加强对产能影响较大的设计、工艺、资材、生产等方面的研究。在关键生产节点、关键工序、关键工位通过定期培训，提高这些关键工位操作人员的技术水平。

8.5.4　生产管理信息化

计算机的产生和发展对工业生产和企业管理具有重要的影响，直接影响其经营模式和生产方式。伴随信息技术的发展，生产自动化这种新的生产技术在企业中不断被应用，使得原来局限于产品制造等偏体力劳动领域逐渐扩展到依靠脑力劳动的时代，人们通过设计与经营来推动企业发展模式的不断变化。经济信息化是社会发展到一定阶段的必然产物，是经济社会发展的必然趋势。信息已经成为当今社会发展的最主要的动力之一，是确保企业进行日常事务处理、制定战略决策、规划内外部资源、从事生产控制和决策有效进行的必要工具。所以，采用计算机技术在企业内部实现信息化管理，能够最优化配置企业资源，有效提高企业的经营效率。

目前，预制构件生产厂可规划配套 EPR 系统，实现构件的订单、生产、仓储、发运、安装、维护等全生命周期管理。

系统可通过 BIM 深化设计提供的构件几何参数与非几何参数、工程量、材料用量、计划时间、生产时间等数据，为生产过程中的进度管理、合同管理、成本管理、质量管理、材料管理等关键过程管理提供数据支撑，帮助进行有效决策和精细管理，提高生产现场管理水平、降低管理成本、加快生产进度、减少设计变更、缩短生产工期、控制生产成本、提升生产质量、促进技术和管理模式变革。通过构件中植入的 RFID 或标注的二维码，实现构件生产、安装、维护全过程中信息资料可采集认证和可追溯，有利于物料管控、构件追踪，确保产品质量。可实现构件生产建造状态的实时追踪，以轻量化模型和可视技术直观反映构件的生产状态和指标，并进行监控和预警，提高预制构件产品的精度和质量，常用的 ERP 信息化管理系统如图 8-35 所示。

工厂管理系统实现了构件从下达生产任务单到构件综合隐检、脱模待检、成品质量检查以及入出库的全生产流程管理，可以实现钢筋笼半成品管理、生产管理、质量管理、成品管理。成品出库单、构件合格证等数据表单已得到实际应用，一些表格经过系统修改后也可直接用于资料存档、数据统计。可以实时查看构件状态、生产记录及项目生产进度、项目完成率，查看各生产线及工厂月生产量曲线；材料类别、构件类型树、客户及供应商等基础信息按实录入并保持更新。构件合同登记、结算、收款按实录入，可查看季度收入分析及经营分析折线图。

图 8-35　ERP 信息化管理系统

1. 工厂管理应用

可实现各工厂各车间管理人员、班组、劳务队、生产线、模台等信息的录入与维护、设置构件编码，为后续生产过程中选择相关信息提供准确数据。可实现工序族库的保存与更新，实现各类型构件的生产工艺工序匹配，如图 8-36 所示。

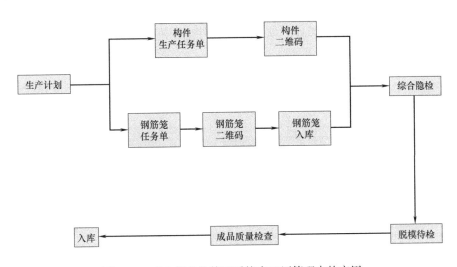

图 8-36　ERP 信息化管理系统在工厂管理中的应用

2. 项目管理应用

可进行项目立项及 BIM 设计数据对接。通过将设计文件导入系统中，可实现项目模型、构件进度浏览、BIM 模型导入、构件库等信息的可视化查看，如图 8-37 所示。

3. 合同与模具管理应用

通过对合同登记、结算、收款/支付的数据录入，可查看季度收入及经营分析。通过对专用模具进行登记并生成专属二维码，每次生产前扫描二维码精确记录模具周转次数。

4. 进度管理应用

根据项目进度计划制定相应的预制构件生产总计划、月度生产计划及周生产计划导入

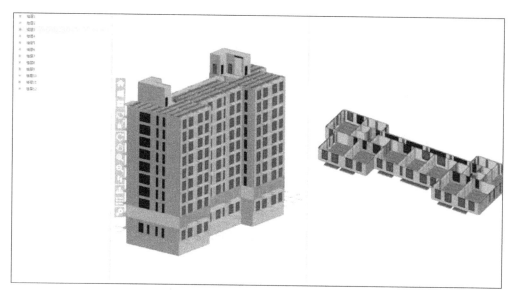

图 8-37　ERP 信息化管理系统在项目管理中的应用

到工厂生产管理系统中，通过下达构件生产任务单生成构件的专属二维码，实现构件生产全过程的实时记录与进度跟踪，动态记录查询构件的生产状态与项目的整体形象进度，查看生产进度与进度计划之间的差距，实现预制构件生产进度可视化管控与动态化调整，如图 8-38、图 8-39 所示。

	产品编号	构件编码	构件状态	子型号	建立版本	设计型号	楼号	楼层	构件类型	实际生
3	SLSJ-1#-3F-DB-029	2018000102731	成检合格		V01	DB-029	1#	3F	叠合楼板	201
4	SLSJ-1#-3F-DB-031	2018000102730	成检合格		V01	DB-031	1#	3F	叠合楼板	201
5	SLSJ-1#-3F-DB-004	2018000102735	成检合格		V01	DB-004	1#	3F	叠合楼板	201
6	SLSJ-1#-3F-DB-006	2018000102732	成检合格		V01	DB-006	1#	3F	叠合楼板	201
7	SLSJ-1#-3F-DB-002	2018000102738	成检合格		V01	DB-002	1#	3F	叠合楼板	201
8	SLSJ-1#-2F-DB-046	2018000102726	入库		V01	DB-046	1#	2F	叠合楼板	201
9	SLSJ-1#-2F-DB-045	2018000102727	入库		V01	DB-045	1#	2F	叠合楼板	201
10	SLSJ-1#-2F-DB-043	2018000102728	入库		V01	DB-043	1#	2F	叠合楼板	201
11	SLSJ-1#-2F-DB-030	2018000102725	成检合格		V01	DB-030	1#	2F	叠合楼板	201
12	SLSJ-1#-2F-DB-034	2018000102724	出库		V01	DB-034	1#	2F	叠合楼板	201

在线 1 人 当前位置：构件状态查询 首页

导出 Excel　　　　　Q 查询　　清空

产品编号：　　　　构件状态：-请选择构件状态-　　子型号：　　　设计型号：　　　楼号：　　　展开

图 8-38　ERP 信息化管理系统构件生产状态显示

5. 生产质量管理应用

工厂生产管理系统在下达生产任务单后生成构件专属二维码或埋置 RFID 芯片，通过手持 PDA 扫码机实现对生产全过程的管控与记录。浇筑前进行综合隐蔽工程检查并将检查结果及照片通过 PDA 扫描构件二维码记录并上传到服务器，二维码信息同步更新。达到脱模强度并收到脱模待检指令后进行预制构件成品质量检查，检查合格即可进行成品入库工作，不合格责令整改后进行成品二次检查，如图 8-40、图 8-41 所示。

成品退库　脱膜待检　成品检　成品出库　导出Excel

13F	6-07/12	6-07/12	7-07/12	7-07/12		6-07/15	7-07/12	7-07/12	7-07/12	5-07/10		7-07/12	
12F	3-07/10	5-07/10	6-07/10	7-07/10	7-07/10	6-07/10	7-07/10	5-07/10	5-07/10	5-07/10		6-07/10	
11F	2-07/09	4-07/09	3-07/09	5-07/09	5-07/09	5-07/08	5-07/09	4-07/08	4-07/08	4-07/08		5-07/09	
10F	3-07/06	5-07/07	5-07/07	4-07/07		5-07/06	5-07/07	4-07/07	4-07/07	6-07/07		4-07/06	
9F	2-07/05	4-07/05	4-07/05		4-07/02		5-07/02	4-07/06	5-07/04			3-07/05	
8F	1-07/03	5-07/05	3-07/05	3-07/05		5-07/02	6-07/03	5-07/03	4-07/03			4-07/17	
7F		2-07/03	2-07/03	3-07/04	3-07/16	3-07/04	3-07/18	6-07/03	5-07/03	3-07/18		3-07/18	
6F		3-07/01	1-07/02	3-07/03	2-07/15	4-07/15	4-07/15					2-07/15	
5F				3-07/14			7-07/14					4-07/12	
4F			9-08/10	5-08/09	4-08/08		12-07/19	4-07/28	5-07/28	5-08/08	8-07/29	2-07/19	
3F		4-07/08	4-08/06	5-08/05	4-08/04		7-07/20	4-07/23	4-07/20	5-08/06		2-07/14	
数量	1	1	1	1	1	1	1	1	1	1	1	1	1
设计型号	DB-012	DB-032	DB-036	DB-015	DB-050	DB-016	DB-051	DB-049	DB-003	DB-056	DB-059	DB-009	DB-010	DB-011	DB-
模具	A20-3419	A21-3421	A22-3421	A23-3421		A24-3421		A25-3420	A26-3510	A27-3718	A28-3718	A29-3720		A30-3720	

图 8-39　ERP 信息化管理系统构件生产情况统计

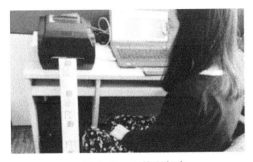

图 8-40　二维码打印

构件隐蔽检查

图 8-41　ERP 系统隐检信息

通过二维码或 RFID 的应用可实现质量管理全过程记录、查询与追溯，可实现预制构件合格证的生成与发放，同时可生成相关质量检查报表及质量问题台账，为管理人员提供准确全面的数据，根据质量问题做出相应的优化与调整。同时 ERP 系统提供了预制构件质量缺陷库，归纳了预制构件质量通病，为生产及质检提供重要参考，使质量缺陷的追溯和数据挖掘分析成为可能。由于生产及质检时都要扫描二维码，将责任人信息上传系统，因此质量问题可以轻松追溯到责任人，督促增强质量意识，从而提高预制构件产品质量。

8.5.5　生产管理流程优化

预制构件生产工厂一般设计有外墙板生产线、内墙板生产线、叠合板生产线、固定模台生产线、钢筋生产线等。三明治外墙主要包括含门窗、含门、含窗、含暗梁暗柱、含暗梁、含暗柱、普通等 7 种形式，生产流程最为复杂。以三明治外墙生产线为例，根据其形式的不同，所需模板量不同，组合方式多样。目前三明治外墙生产线主要以单构件生产为主，自动化程度较低，模台大面积空闲甚至空转；生产现场秩序混乱，人员随意流动，缺乏有效管理；造成资源浪费和成本提升，工厂实际产能低于设计产能。

1. 三明治外墙生产线模型构建

三明治外墙生产工序包括：清扫、划线、喷涂、钢筋模板安装、埋件安装、浇筑振捣、上层模板安装、各种材料安装和加工、预养护、抹面、养护、拆模、翻板吊运、构件冲洗、吊运至缓存区等工序，如图 8-42 所示。

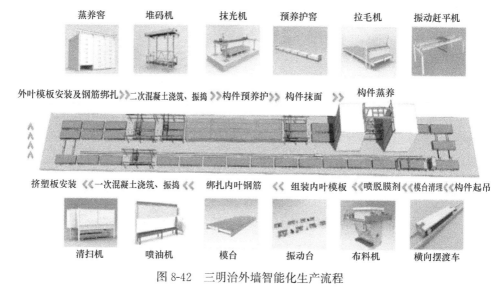

图 8-42 三明治外墙智能化生产流程

构件在每个工位上停留的时间称为流水节拍。构件在生产过程中大部分工位需要人工操作，消耗的时间受工人的熟练程度等不确定因素的影响。由前期工厂调研和相关设计数据，将模台在每个工位上停留的时间设置为 40min；流水节拍长短受构件相关参数的影响，根据构件生产的难易程度，可以更改流水的时间，提高人工与机械的利用效率。

2. 构件传送速度

模台从上一个工位通过滑轮传送到下一个工位的速度，根据人工操作控制，这个过程所消耗的时间一般包含在流水节拍内或者忽略不计。

3. 构件尺寸及种类

工厂的模台都是 4m×12m 的标准尺寸大模台，模台上承载的单个构件或者多个构件组合需要在标准模台范围以内。当多个构件组合生产时，要尽可能合理搭配，减少模台上的空隙，提高模台的利用率。

4. 机械参数

在构件生产过程中会涉及清扫机、喷涂机、龙门吊、搬码机、轨道控制器等机械设备，这些机械的工作时间根据工厂的生产作息时间进行设定，如图 8-43 所示。

5. 人工参数

在人工操作的工位需要配置一定数量的工人，根据班组工人的工作时间和工作量的大小及难易程度配置一组或两组工人，尽可能在流水节拍内完成，避免造成后续工位的暂停等待。

6. 信息化应用情况分析

在 ERP 系统操作界面中完善三明治外墙生产线的生产流程，将模台与构件相关联，每张模台具有唯一编号，每张模台上生产固定编号的构件。运行模型，通过 3D 可视化图像可以清楚看出整个生产线的运行状态；发现堆积和空闲的工位，从输出的表格分析模台的利用率、每个构件在工位上停留作业的时间、每个构件生产全过程所消耗的时间等。生产线的产能等于构件方量除以时间，增加单位时间的产出或者减少生产构件的时间均能提

图 8-43　信息化数据录入

高构件的生产产能。

(1) 根据每个构件在工位上的停留作业时间，可以合理地设置工位流水节拍，提高生产自动化水平，有效提升构件生产效率。目前三明治外墙构件在每个工位上停留约 40min，由于生产自动化程度较低，流水节拍长，单位时间内构件产量低。

(2) 从模台的空闲程度可以分析构件是否串并行，当多个构件组合生产时，可以提高模台的空间利用率，在单位时间内通过资源的合理配置提高构件产量。

(3) 单个构件在每个工位上花的时间越少，其生产总时间越短；在单位时间内能生产更多的构件，提高生产效率。

通过软件仿真输出的表格可以计算出生产线的产能，同时设计出最佳的生产计划以及物料采购表，将信息、资源配置、生产管理进行协同统一，为进一步研究构件生产、提高构件生产效率提供依据，如图 8-44 所示。

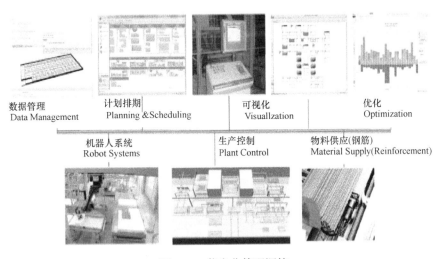

| 数据管理
Data Management | 计划排期
Planning &Scheduling | 可视化
Visuallzation | 优化
Optimization |

机器人系统　Robot Systems　　生产控制　Plant Control　　物料供应(钢筋)　Material Supply(Reinforcement)

图 8-44　信息化管理调控

8.6　本章小结

通过分析可知，不论是固定模台生产工艺，还是这几年采用较多的预制构件流水生产工艺，大型模台在生产中的应用已经非常普遍。大型模台的使用为生产机械化、信息化和流水作业提供了便利。

通过对大型模台生产中流水节拍的研究，结合信息化管理系统，能够设计出最佳的生产计划以及物料采购表，将信息、资源配置、生产管理进行协同统一，提高构件的生产效率。

（1）针对预制构件生产精度不高的问题，研究形成了流水式、高精度、现代化生产线。完善了装配式建筑建造工艺和工法，研发与装配式建筑相适应的生产设备、施工设备、机具和配套产品；具有数控划线、钢筋自动成型、钢筋边模滚轮输送线、PLC控制运输料斗和布料机、感应式识别控制摆渡车、双拉绳振捣搓平机、收光二次预养护等功能，实现了平面双轨道同步运转生产，拓展了空间使用效率，保证了生产的顺利流转，使生产效率达到 $240\text{m}^3/\text{d}$，提升效率近 2 倍。

（2）开发应用了集构件生产、养护、存储、成品构件发运及监控预警于一体的建筑工业化协同管理信息化监控预警系统，实现了预制构件生产状态的实时追踪。以轻量化模型和可视化技术对预制构件的生产状态和指标进行监控和预警，提高了预制构件产品的精度和质量，加强了预制构件生产过程中计划、变更、停滞确认工序的管理，显著提高了工作效率。

第9章

预制构件运输和存放

CHAPTER 9

装配式混凝土结构的不断发展，为建筑工业的机械化、工厂化和信息化开辟了道路。由于构件是在工厂内制作，如何存放构件并确保构件精度、安全保质地运到施工现场就成为一道至关重要的工序。

9.1 预制构件厂内转运

预制构件厂内转运是指预制构件在生产车间与堆场之间的运输。为确保构件在厂内转运时不影响构件精度和质量，厂内转运一般采取以下措施：

运输道路须平整坚实，并有足够的路面宽度和转弯半径。

构件运输时的混凝土强度，如设计无要求时，一般构件不应低于设计强度等级的70%，屋架和薄壁构件应达到100%。

预制构件的垫点和装卸车时的吊点，不论上车运输或卸车堆放，都应按设计要求进行。叠放在车上或堆放在现场上的构件，构件之间的垫木要在同一条垂直线上，且厚度相等。

构件在运输时要固定牢靠，以防在运输中途倾倒，或在道路转弯时车速过快被甩出。对于屋架等重心较高、支承面较窄的构件，应用支架固定。

根据路面情况掌握行车速度，道路拐弯必须降低车速。根据工期、运距、构件重量、尺寸和类型以及工地具体情况，选择合适的运输车辆和装卸机械。

对于不容易调头和较重较长的构件，应根据其安装方向确定装车方向，以利于卸车就位。

构件进场应按结构构件吊装平面布置图位置堆放，以免二次倒运。

总结长期的实践经验，厂内转运时可采用下列方法和步骤：

1. 工厂内转运构件工作流程

运输方法选择→配备机具、运输车辆→清点需转运构件并检查→填写构件转运记录单→转运→堆场存放→构件转运记录单存档。

2. 运输方法选择

首先考虑铺筑轨道连接车间和堆场，利用轨道小车实现车间与堆场的转运。如没有条件铺筑轨道，可根据构件的形状、重量实际情况、车间布置、装卸车现场及运输道路的情况，选择平板电瓶车、叉车、大型运输车等作为运输工具，确保运输条件与实际情况相符。

3. 配备机具、运输车辆

需要配备的机具主要有桁车、龙门吊、汽车吊、钢丝绳及鸭嘴扣等，按照现场实际情况准备运输车辆。

4. 清点需转运构件并检查

根据生产日报清点需转运构件，检查构件质量，确认其符合转运要求。电瓶车和叉车转运构件如图 9-1、图 9-2 所示。

图 9-1　电瓶车转运构件　　　　　　图 9-2　叉车转运构件

9.2　预制构件存放

装配式建筑施工中，预制构件品类多、数量大，无论在生产还是施工现场均占用较大场地面积。合理有序地对构件进行分类堆放，对于减少构件堆场使用面积、加强成品保护、加快施工进度、构建文明施工环境均具有重要意义。预制构件的堆放应按规范要求进行，确保预制构件在使用之前不受破坏，运输及吊装时能快速、便捷找到对应构件为基本原则。

9.2.1　场地要求

预制构件的存放场地宜为混凝土硬化地面或经人工处理的自然地坪，应满足平整度和承载力要求，并应有排水措施。

堆放预制构件时应使构件与地面之间留有一定空隙，避免与地面直接接触，需搁置于木头或软性材料上（如塑料垫片）；堆放构件的支垫应坚实牢靠，且表面有防止污染构件的措施。

预制构件的堆放场地选择应满足吊装设备的有效起重范围，尽量避免出现二次吊运，以免造成工期延误和费用增加。场地大小选择应根据构件数量、尺寸及安装计划综合确定。

预制构件应按规格型号、出厂日期、使用部位、吊装顺序等分类存放、编号清晰。不同类型构件之间应留有不少于0.7m的人行通道。

预制构件存放区域2m范围内不应进行电焊、气焊作业，以免污染产品。露天堆放时，预制构件的预埋铁件应有防止锈蚀的措施，易积水的预留、预埋空洞等应采取封堵措施。

预制构件应采用合理的防潮、防雨、防边角损伤措施，堆放边角处应设置明显的警示隔离标识，防止车辆或机械设备碰撞。

9.2.2 堆放方式

构件堆放方法主要有平放和立（竖）放两种，具体选择时应根据构件的刚度及受力情况区分。通常情况下，梁、柱等细长构件宜水平堆放，且不少于两条垫木支撑；墙板宜采用托架立放，上部两点支撑；楼板、楼梯、阳台板等构件宜水平叠放，叠放层数应根据构件与垫木或垫块的承载力及堆垛的稳定性确定，必要时应设置防止构件倾覆的支架；一般情况下，叠放层数不宜超过5层。

1. 平放时注意事项

（1）对于宽度不大于500mm的构件，宜采用通长垫木；宽度大于500mm的构件，可采用不通长垫木；放上构件后可在上面放置同样的垫木，一般不宜超过5层，如受场地条件限制增加堆放层数的须经承载力验算。

（2）垫木上下位置之间如果存在错位，构件除了承受垂直荷载，还要承受弯曲应力和剪切力，所以必须放置在同一条线上。

（3）构件平放时应使吊环向上，标识向外，便于查找及吊运。

2. 竖放时注意事项

（1）竖放可分为插放和靠放两种方式；插放时场地必须清理干净，插放架必须牢固，挂钩应扶稳构件，垂直落地；靠放时应有牢固的靠放架，必须对称靠放和吊运，其倾斜度应保持大于80°，构件上部用垫块隔开。

（2）构件的断面高宽比大于2.5时，堆放时下部应加支撑或有竖固的堆放架，上部应拉牢固定，避免倾倒。

（3）要将地面压实并铺上混凝土等，铺设路面要整修为粗糙面，防止脚手架滑动。

（4）柱和梁等立体构件要根据各自的形状和配筋选择合适的储存方法。

9.2.3 构件堆放示例

（1）预制剪力墙堆放

墙板垂直立放时，宜采用专用A字架形式插放或对称靠放；长期靠放时必须加安全塑料带捆绑或钢索固定，支架应有足够的刚度，并支垫稳固。墙板直立存放时上下左右不得摇晃，且需考虑地震作用；预制外挂墙板外饰面朝外，墙板放置尽量避免与刚性支架直接接触，以枕木或者软性垫片隔开避免碰坏墙板，并将墙板底部垫上枕木或者软性的垫片，如图9-3、图9-4所示。

（2）预制梁、柱堆放

预制梁、柱等细长构件宜水平堆放，预埋吊装孔表面朝上，高度不宜超过2层，且不

图 9-3　预制剪力墙堆放

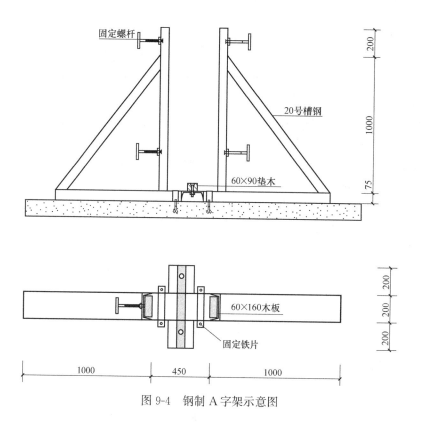

图 9-4　钢制 A 字架示意图

宜超过 2.0m。实心梁、柱需于两端 0.2～0.25L 间垫枕木，底部支撑高度不小于 100mm。若为叠合梁，则需将枕木垫于实心处，不可让薄壁部位受力，如图 9-5 所示。

（3）预制板类构件堆放

预制板类构件可采用叠放方式存放，其叠放高度应按构件强度、地面承载力、垫木强度以及垛堆的稳定等确定。构件层与层之间应垫平、垫实，各层支垫应上下对齐，最下面一层支垫应通长设置；一般情况下，叠放层数不宜大于 5 层，吊环向上，标志向外，混凝

图 9-5 预制梁柱构件堆放

土养护期未满的预制构件应继续洒水养护，如图 9-6 所示。

图 9-6 预制叠合板堆放

（4）预制楼梯或阳台堆放

楼梯或异形构件若需堆置两层时，必须考虑支撑稳固性，且高度不宜过高，必要时应设置堆置架以确保堆置安全，如图 9-7 所示。

图 9-7 预制楼梯堆放

9.3 预制构件厂外运输

9.3.1 合理运距

合理运距的测算主要是以运输费用占构件销售单价比例为考核参数。通过运输成本和预制构件合理销售价格分析,可以较准确地测算出运输成本与运输距离的关系,根据国内平均或者发达国家占比情况反推合理运距。

从预制构件生产企业布局的角度,由于合理运输距离还与运输路线相关,而运输路线往往不是直线,运输距离还不能直观地反映布局情况,故提出了合理运输半径的概念。根据预制构件运输经验,实际运输距离平均值比直线距离长 20% 左右,因此将构件合理运输半径确定为合理运输距离的 80% 较为合理。因此,以运费占销售额 8% 估算合理运输半径约为 100km。这就意味着以项目建设地点为中心,以 100km 为半径的区域内生产企业,其运输距离基本可以控制在 120km 以内,从经济性和节能环保的角度,处于合理范围。

总的来说,如今国内的预制构件运输与物流的实际情况还需提升。虽然个别企业在积极研发预制构件的运输设备,但总体还处于发展初期,标准化程度低,存储和运输方式较为落后。同时受道路、运输政策及市场环境的影响,运输效率不高,构件专用运输车还比较缺乏且价格较高。

9.3.2 预制构件合理运距分析

预制构件企业可研阶段为确定投资规模,须对预制构件合理运输距离进行分析。

预制构件合理运输距离分析表

表 9-1

项目	近运距	中距离	较远距离	远距离	超远距离
运输距离(km)	30	60	90	120	150
运费(元/车)	1100	1500	1900	2300	2650
运费(元/车·km)	36.7	25.0	21.1	19.2	17.7
平均运量(m^3/车)	9.5	9.5	9.5	9.5	9.5
平均运费(元/m^3)	116	158	200	242	252
水平预制构件市场价格(元/m^3)	3000	3000	3000	3000	3000
水平运费占构件销售价格比例(%)	3.87	5.27	6.67	8.07	8.40

在表 9-1 中,运费参考了某预制构件企业近几年实际运费水平。按预制构件每立方米综合单价平均 3000 元计算(水平构件较为便宜,约为 2400~2700 元;外墙、阳台板等复杂构件约为 3000~3400 元),以运费占销售额 8% 估算的合理运输距离约为 120km。

9.3.3 厂外运输准备工作

构件运输的准备工作主要包括:制定运输方案、设计并制作运输架、验算构件强度、清查构件及察看运输路线。

（1）制定运输方案

需要根据运输构件实际情况、装卸车现场及运输道路的情况、施工单位或当地起重机械和运输车辆的供应条件以及经济效益等因素综合考虑，选定合理的运输方法、起重机械（装卸构件用）、运输车辆和运输路线。运输线路的制定应按照客户指定的地点及货物的规格和重量制定特定的路线，确保运输条件与实际情况相符。

（2）设计并制作运输架

根据构件的重量和外形尺寸进行设计制作，且尽量考虑运输架的通用性。

（3）验算构件强度

对钢筋混凝土屋架和钢筋混凝土柱子等构件，根据运输方案所确定的条件，验算构件在最不利截面处的抗裂度，避免在运输中出现裂缝。如有出现裂缝的可能，应进行加固处理。

（4）清查构件

清查构件的型号、质量和数量，有无加盖合格印章和出厂合格证书等。

（5）察看运输路线

在运输前再次对路线进行勘查，对于沿途可能经过的桥梁、桥洞、电缆、车道的承载能力、通行高度、宽度、弯度和坡度、沿途上空有无障碍物等进行实地考察并记载，制定出最佳顺畅路线。须进行实地现场的考察，如果凭经验和询问有可能发生许多意料之外的事情，有时甚至需要交通部门的配合等，因此这点不容忽视。在制定方案时，需要注意的地方需要注明；如车辆不能顺利通行，应及时采取措施。此外，应注意沿途是否横穿铁道，如有应查清火车通过道口的时间，以免发生交通事故。

9.3.4　装车基本要求

凡需现场拼装的构件应尽量将构件成套装车或按安装顺序装车运至安装现场；并应按照下列方式装车：

构件起吊时应拆除与相邻构件的连接，并将相邻构件支撑牢固。对大型构件，宜采用龙门吊或行车吊运。

当构件采用龙门吊装车时，起吊前需检查吊钩是否挂好，构件中螺丝是否拆除等，避免影响构件起吊及安全。

构件从成品堆放区吊出前，应根据设计要求或强度验算结果，在运输车辆上支设好运输架。

外墙板采用竖直立放运输为宜，应使用专用支架运输，支架应与车身连接牢固，墙板饰面层朝外，构件与支架连接牢固。

楼梯、阳台、预制楼板、短柱、预制梁等小型构件以平运为主，装车时支点搁置要正确，位置和数量应按设计要求进行。

构件装车时吊点和起吊方法，无论上车运输或卸车堆放，都应按设计要求和施工方案确定。吊点的位置还应符合下列规定：两点起吊的构件，吊点位置应高于构件的重心或起吊千斤顶与构件的上端锁定点高于构件的重心；细长的和薄型的构件起吊，可采用多吊点或特制起吊工具，吊点和起吊方法按设计要求进行，必要时计算确定；变截面的构件起吊时，应做到平起平放，否则截面面积小的一端会先起升。

运输构件的搁置点：一般等截面构件在长度 1/5 处，板的搁置点在距端部 200～300mm 处；其他构件视受力情况确定，搁置点宜靠近节点处。

构件装车时应轻起轻落、左右对称放置车上，保持车上荷载分布均匀。卸车时按后装先卸的顺序进行，使车身和构件稳定。构件装车编排应尽量将重量大的构件放在运输车辆前端中央部位，重量小的构件则放在运输车辆的两侧。降低构件重心，使运输车辆平稳，行驶安全。

采用平运叠放方式运输时，构件之间应采用垫木，并在同一条垂直线上，且厚度相等。有吊环的构件叠放时，垫木的厚度应高于吊环高度，且支点垫木上下对齐，并应与车身绑扎牢固。构件与车身、构件与构件之间应设有板条、草袋等隔离体，避免运输时构件滑动、碰撞。

预制构件固定在装车架后，需用专用帆布带、夹具或斜撑夹紧固定。帆布带压在货品的棱角前应用角铁隔离，构件边角位置或角铁与构件之间接触部位应用橡胶材料或其他柔性材料衬垫等缓冲。构件抗弯能力较差时，应设抗弯拉索，拉索和捆扎点应计算确定。

9.3.5　构件运输方式

1. 预制构件运输方式

1）立式运输

在低盘平板车上安装专用运输架，墙板对称靠放或者插放在运输架上。对于内、外墙板和 PCF 板等竖向构件多采用立式运输方案。

2）平层叠放运输

将预制构件平放在运输车上，适用于立放有危险性且叠放容易堆码整齐的构件。阳台板、楼梯等构件多采用平层叠放运输方式。

3）多层叠放运输

平层叠放标准 6 层/叠，不影响质量安全的可到 8 层，堆码时按产品的尺寸大小堆叠。预应力板：堆码 8～10 层/叠；叠合梁：2～3 层/叠（最上层的高度不能超过挡边一层），考虑是否有加强筋向梁下端弯曲。适用于构件重量不大、每层占空间不大的构件；叠合板、装饰板等构件多采用多层叠放运输方式。

除此之外，对于一些小型构件和异型构件，多采用散装方式进行运输。

2. 预制墙板运输

装车时，先将车厢上的杂物清理干净，然后根据所需运输构件的情况，在车上配备人字形堆放架；堆放架底端应加垫胶垫，构件吊运时外伸钢筋不能打弯。装车时应先装车头部位的堆放架，再装车尾部位的堆放架，且应在人字形架两侧对称放置，每架可叠放 2～4 块；墙板与墙板之间需用泡沫板隔离，以防墙板在运输途中因震动而受损。预制墙板运输示意图如图 9-8 所示。

3. 预制叠合板运输

（1）同条件养护的混凝土立方体抗压强度达到 22.5MPa，方可脱模、吊装、运输及堆放；

（2）底板吊装时应慢起慢落，避免与其他物体相撞。应保证起重设备的吊钩位置、吊具及构件重心在垂直方向上重合；吊索与构件水平夹角不宜小于 60 度，不应小于 45 度。当吊点数量为 6 点时，应采用专用吊具，吊具应具有足够的承载力和刚度。吊装时，吊钩应同时勾住钢筋桁架的上弦筋和腹筋；

（3）预制叠合板采用叠层平放方式运输，叠合板之间用垫木隔离，垫木应上下对齐，垫木长、宽、高均不宜小于 100mm；

图 9-8　预制墙板运输示意图

（4）板两端（至板端 200mm）及跨中位置均设置垫木且间距不大于 1.6m；

（5）不同板号应分别码放，码放高度不宜大于 6 层；

（6）叠合板在支点处绑扎牢固，防止构件移动或跳动；在底板的边部或与绳索接触处的混凝土，采用衬垫加以保护。预制叠合板运输示意图如图 9-9 所示。

4. 预制楼梯运输

（1）预制楼梯采用叠合平放方式运输；预制楼梯之间用垫木隔离，垫木应上下对齐，垫木长、宽、高均不宜小于 100mm，最下面一根垫木应通长设置；

（2）不同型号楼梯应分别码放，码放高度不宜超过 5 层；

（3）预制楼梯在支点处绑扎牢固，防止构件移动；在楼梯的边部或与绳索接触处的混凝土，采用衬垫保护。预制楼梯运输示意图如图 9-10 所示。

图 9-9　预制叠合板运输

图 9-10　预制楼梯运输

5. 预制阳台板运输

（1）预制阳台板运输时，底部采用木方作为支撑物，支撑应牢固，不得松动；

（2）预制阳台板封边高度为 800mm、1200mm 时宜采用单层放置；

（3）预制阳台板运输时，应采取防止构件移动、倾倒、变形等损坏的措施。预制阳台板运输示意图如图 9-11 所示。

图 9-11　预制阳台板运输

9.4　本章小结

　　本章通过对预制构件的厂内转运、预制构件存放、预制构件厂外运输等进行了系统研究和总结，分析了预制构件在运输和存放时如何确保精度。

　　1. 厂内转运时运输道路必须平整坚实，并且根据工期、运距、构件重量、尺寸和类型以及工地具体情况，选择合适的运输车辆和装卸机械。

　　2. 对预制构件存放时的场地要求、堆放方式和常见预制构件的堆放示例进行了总结。

　　3. 对预制构件的厂外运输，计算了运输的合理运距，总结了厂外运输条件、装车要求、构件运输方式等对构件精度和质量的影响。

CHAPTER 10

第10章

总结和展望

10.1　总结

　　装配式建筑用标准化工序代替粗放管理，将设计、生产、安装都按照工业化生产的严格工艺要求来完成，其最主要的特点就是机械化取代手工操作，用工厂化代替现场作业，用地面作业代替高空作业，用产业化工人取代散兵游勇，而本书针对预制混凝土构件生产和安装技术，主要做了如下工作：

　　从预制构件生产用模具出发，提出了一种刚度大、质量轻、耐磨的模具材料，研发了装配式混凝土剪力墙组合模具和预埋件精确定位工装及采用定位锥辅助安装的施工技术；设计并制作了适用于叠合板安装的快速搭拆的支撑体系；对采用分段式和分片式的预制楼梯的高精度生产和安装进行了相关研究；叙述了预制异形构件的种类，并对各类异形构件的高精度生产和安装进行了研究和总结。设计并应用了预制墙板保温连接件放置机械手、焊接机械手，并将其集成在预制构件生产线上，形成了智能化、形成化的大型模台高精度生产控制技术，并对预制构件的厂内转运和场外运输进行了疏理和总结。

　　本书通过上述内容的阐述，对我国目前预制构件生产和安装尤其是高精度的生产和安装技术做了系统研究和总结，可以用于指导现阶段装配式混凝土结构的预制构件生产、安装，提高建筑产品的品质，满足人民对美好生活、高品质住宅的需求。

　　本书在编制过程中对预制构件生产机械手、生产线布局及关键设备进行了集成，也可为预制构件厂的投资建设、生产线布局提供参考。

10.2　展望

　　装配式建筑是解决房屋建设过程中一直存在的质量、性能、安全、效益、节能、环保、低碳等一系列重大问题的有效途径，也是解决一直以来建筑设计、部品生产、施工建造、维护管理之间的相互脱节、生产方式落后问题的有效途径，更是解决当前建筑业劳动力成本提高、劳动力和技术工人短缺以及改善农民工生产方式的有效途径。国家及各地政府对建筑产业现代化发展都给予了高度重视，从 2014 年起，住房和城乡建设部开始编制

《建筑产业现代化发展纲要》。2016 年，《中共中央国务院关于进一步加强城市规划建设管理工作的若干意见》指出：力争用 10 年左右时间，使装配式建筑占新建建筑的比例达到30％。多地政府也在 2015 年以后加强了对于建筑产业化的专项指导，上海、北京、深圳、福建、江苏、山东、河南等多个省、市相继发布了装配式建筑的指导文件。可以说，装配式建筑的发展已经成为全国及各地政府关注的重点。

但是，基于我国国情及技术条件的限制，装配式建筑尚处于发展阶段，开展技术研究及工程实践的企业相对较少。本书在建筑构件的高精度生产和高精度安装方面虽然取得了一定的成果，但是还有许多研究工作需要进行完善和深入，主要包括以下几个方面：

1. 预制构件生产精度、安装精度与经济成本的关系分析

本书列举总结了保证预制构件生产精度、安装精度的多种工装和设备，显著提高了构件的生产和安装精度。但是构件的经济成本随之上升，限于目前的研究深度，未对该关系进行深入研究，将成为未来推广构件生产和安装工装设备时的一项重点研究工作。

2. 装配式建筑精细化设计研究

装配式建筑精细化设计是装配式建筑实现工业化的必备条件，包括预制构件精细化设计、建筑空间精细化设计、安装施工精细化设计及装饰装修精细化设计等多方面的内容，只有做到装配式建筑的精细化设计，才能保证结构、构件以及细部构造的精度和标准化，实现装配式建筑的高效建造。因此除了满足建筑布局、结构安全等基本要求外，应积极开展配式建筑精细化和标准化设计的研究。

3. 装配式建筑智能化生产研究

装配式建筑预制构件智能化生产是节约劳动力的主要手段，是提高预制构件生产精度和质量的主要途径。本书研究并应用了自动化钢筋生产设备。模具划线机械手、焊接机械手等预制构件自动化生产设备，但尚未实现构件全过程生产智能化。未来需研究以精细化设计和标准部品为基础的专业化、规模化、智能化生产技术、设备和体系，加大建筑信息模型、物联网、互联网、大数据、移动通信、人工智能等技术的集成应用，大力推进先进智能生产设备的研发与应用，实现设计、生产、安装的一体化协同，真正实现预制构件智能化生产。

4. 装配式建筑自动化装配研究

减少劳动力，提高施工效率是开展装配式建筑研究的基本目的，装配式建筑自动化施工技术是实施这一目的的主要途径。本书集成了预制构件生产的各种自动化技术，但是对于构件安装，由于涉及范围较广，只开展了剪力墙的自动化调整设备，并未形成预制构件自动化安装的系列设备，为此研究预制构件自动化装配也将成为今后的研究重点。

5. 创新管理模式研究

装配式建筑的设计与生产方式、安装方式是整体概念，是将工程项目的设计、开发、生产、管理的全过程形成一体化产业链，缺一不可，这就需要创新管理模式。在今后的研究中，应整合优化整个产业链上的资源，实现设计、开发、制造、施工、装修一体化建造模式，结合 BIM 技术，EPC 总承包模式，开展相关研究。

研究装配式结构建筑的设计、安装及施工技术是实现建筑产业现代化的重要突破点，未来将遵循国家政策和市场导向，进一步完善装配式住宅结构体系，加大研发装配式结构建筑的建造技术，推进装配式建筑乃至建筑产业现代化的发展。